ちゃんと知りたい ペットのお薬のこと

監修　金田剛治
著　金田寿子　山口登志宏

緑書房

〔まえがき〕

　現代では生活と薬は切っても切れない関係にあります。わたしも50代になって持病ができ、2カ月に1回はかかりつけの病院で検診を受けて薬を処方され、毎朝服用しています。薬局で薬を受け取る際には薬の説明書である薬剤情報提供書をもらいますが、薬理学を生業にしている身として、新しい薬を処方されたときには一応インターネットで調べるようにしています。飲んでいる薬が分かると処方してくれた医師の治療方針が見え、安心して薬を飲み続けられるような気がします。

　今でこそ大学で教鞭をとり、「薬理学」という学問を学生に講義していますが、運よく大学に職を得られるまでは、数年間動物病院に勤めていました。振り返ってみると、動物病院で働きはじめた当時のわたしは大学院まで進学して薬理学の研究をしてきたにもかかわらず、薬については自分の研究分野しか知りませんでした。実験室で研究を行うのに必要な知識と実際に動物に薬を処方するのに必要な知識は別物で、はじめのころは先輩獣医師の薬の処方を見よう見まねで学んでいったことを覚えています。また、調剤作業も動物病院で初めて経験しました。今ではペット用の医薬品が増えてきましたが、当時は人用の医薬品を使用することがほとんどでした。そのため、動物の体重に合わせて錠剤を細かく分割したり、はかりを使って粉剤を正確に分封していましたが、猫や小型犬では用量が小さく調剤作業もひと苦労でした。調剤した薬は分包紙やチャック付きの小さなビニールの袋に入れ、「食後に1日○回、1回○個」といった用法と用量の説明を袋に書いて飼い主に渡していましたが、飼い主に聞かれなければ何の薬なのか書かないことも多かったと記憶しています。

現在では社会の情報化が進み、医療も格段に進歩しました。薬局で薬とともに薬剤情報提供書を受け取れば、そこから薬に関する最低限の情報を入手できますし、薬剤師からより詳しい説明をしてもらうことも、インターネットでその薬について検索することもできます。一般向けの薬に関する本もずいぶん入手しやすくなりました。わたしが動物病院で診療していた時代から20数年が経ち、獣医療も目覚しく発展し、大学附属の動物病院や民間の大きな動物病院にはMRIやCTなどの高度画像検査機器が導入され、人の医療にどんどん近づきつつあるように感じます。そのような進歩もあって、獣医師も1件の診療で検査から治療までにやらなければならないことが多く、ついつい飼い主への説明が短くなりがちです。人の医療では「待ち数時間、診察数分」

なんて話がありますが、動物病院によってはこれに近い状態になっていると若い獣医師から聞きます。しかも、獣医療では医薬分業が進んでおらず、多くの場合、薬は動物病院で直接処方され、薬剤師から服薬指導を受けることも、薬剤情報提供書のような説明書をもらうこともありません。獣医療が進んで治療に使われる薬が増えても、この状況はわたしが動物病院で診療していたときとあまり変わっていません。

獣医師をはじめとした動物病院のスタッフの医療技術や飼い主への説明能力などは人の医療に近いものが求められる時代となりましたが、飼い主への説明に十分な時間が取れないこともままあります。また、情報化が進んでインターネット上にはペットの病気や薬について説明してくれているサイトも増えましたが、どの情報が正しいのか判断するのは容易ではありません。

本書は、わたしが獣医師として経験し、大学で講義している内容を中心に飼い主向けにまとめています。治療に使用されるひとつひとつの薬を取り上げてお話しするのではなく、「薬と治療・予防の関係」を少し詳しく、かつ分かりやすくお伝えしています。飼い主の皆さんが獣医師から聞けなかった薬のしくみや考え方について理解し、薬に関する疑問を動物病院でスムーズに質問できる力添えになればと思います。

本書をまとめるにあたり、より有益な内容にするため、獣医師として診療現場で活躍されている山口登志宏先生と、薬理学者で医療従事者として医療現場をよくご存じの金田寿子先生に執筆者として加わっていただきました。本書により、動物病院で行われる治療・予防医療に対する飼い主の皆さんの理解が深まれば幸いです。

監修者

目次

第2章 予防薬のこと

第3章 治療薬のこと

第1章

投薬のこと

動物病院で薬を処方するときにはどんなことを説明してくれるの？

●動物病院での処方薬の説明

動物病院を受診し、薬を処方されるときには、処方された薬の使用目的・用量・用法などの説明が必ず行われます。飲み薬なり、塗り薬なりを自宅で飼い主に継続して使用してもらうために必要な説明ですので、薬が効果を発揮し、病気や怪我などの状態がよくなるまでは、処方された薬を決められた用量・用法でペットに与えて治療を続けていただかなければなりません。

通常、薬の説明として伝えられることは、治療に用いられる薬の目的、投与方法、1日の投与回数、投与のタイミング（飲み薬なら食前に与えるのか食後に与えるのか）などです。動物病院ではあらかじめ適量に調剤して分包された薬が渡されることもありますが、時には自宅でペットの体重に合わせて、錠剤を1／2や1／3に割って投与してください、というような指示がある場合もあります。慢性的な病気を除き、多くの場合、治癒するまで3日間～1週間の薬が、ペットの体重に合わせて処方されます。

飼い主にとっては、ペットに薬を投与することは少々難しく、手間のかかる作業ですが、大切な

飲まないときは
どうすれば？
投薬のしかたは？
食後何時間以内？

ペットの治療のために不安なこと、分からないことはささいなことでも構いませんので動物病院で確認しておきましょう。

投薬について確認しておきたいこと

□１日の投薬の回数と１回あたりの量

□薬の保管場所と保管方法

□飲ませ忘れたときの対処

□処方分を飲み切ったあとの対応

いろんな投薬方法があるのはなぜ？

●さまざまな投薬方法があるのはさまざまな患者に対応するため

薬の投与法には、飲み薬のような経口投与をはじめ、注射薬や外用薬のような非経口投与などいろいろな投与方法があります。処方するときには、薬の性質、治療する病気、動物の性格、生活環境などを考慮してどんな投薬方法のものを使用するかを決めます。

●全身作用と局所作用

まず、薬の投与方法には、薬が全身に作用するものと、体の一部分（局所）に作用するものがあります。薬が投与部位から吸収された後に、血液中に入って全身をめぐり、目的の器官で効果を発現する場合を「全身作用」と呼び、全身作用を期待できる投与方法を「全身投与」と呼びます。一方、薬が投与された部位で作用を発現し、その作用が一部に限定されている場合は「局所作用」と呼び、そのような投与方法を「局所投与」と呼びます。目的の治療効果の得方によって、投与法や薬の形状が変わり、作用のしかたもそれに合わせて異なります。

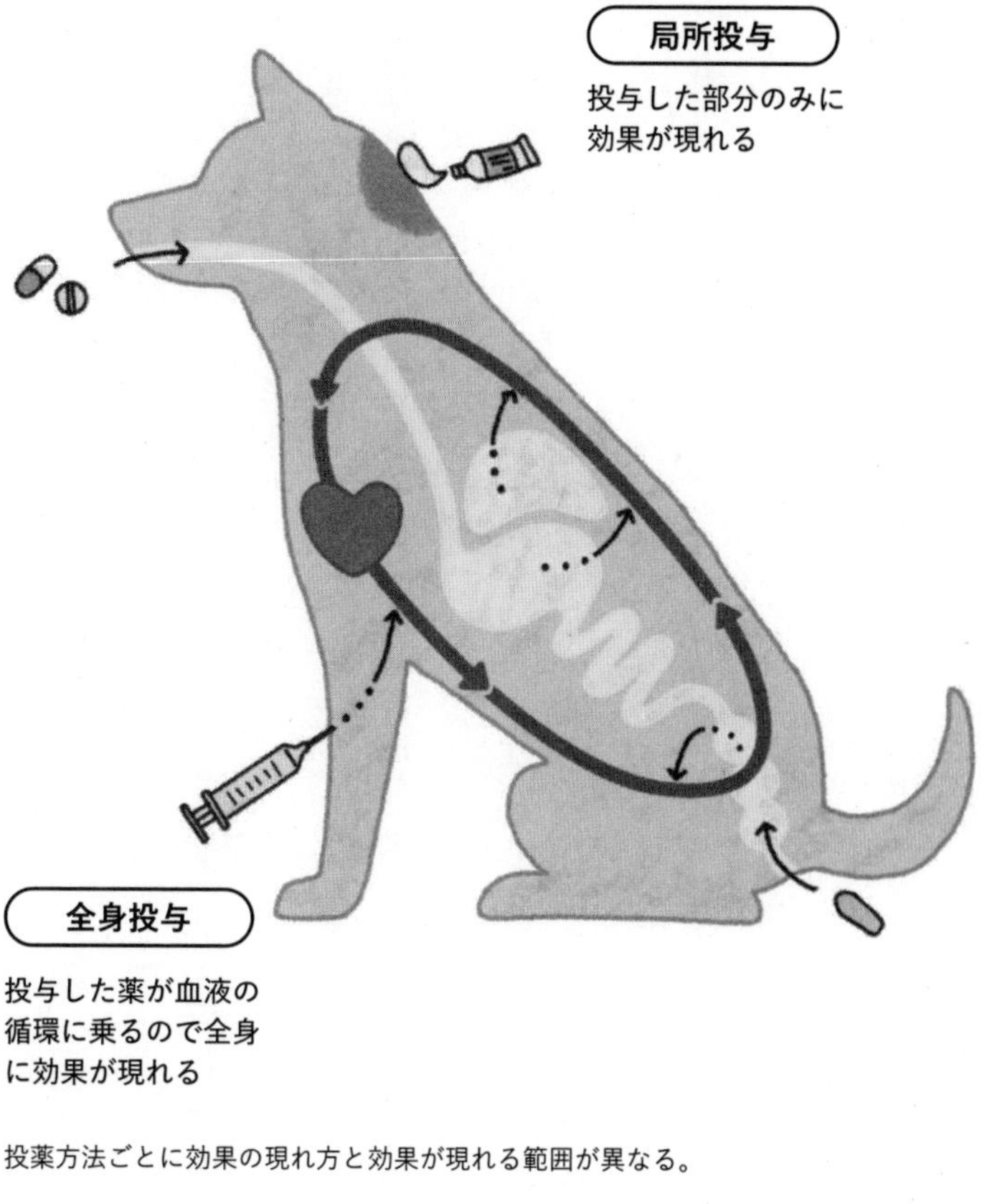
局所投与
投与した部分のみに
効果が現れる
全身投与
投与した薬が血液の
循環に乗るので全身
に効果が現れる

投薬方法ごとに効果の現れ方と効果が現れる範囲が異なる。

例えば、怪我をしたときに傷が化膿しないよう、あるいは化膿が悪化しないように抗菌薬を投与することがあります。抗菌薬を軟膏として局所投与した場合は、皮膚の奥深くにある真皮と呼ばれる部分には届きにくいのですが、同じ薬を飲み薬や注射剤として全身投与した場合は、血液を介して体の内側から薬が運ばれるので、真皮にまで薬が届きます。そのため、全身投与では局所投与したときよりも抗菌薬の治療効果が高いことが多いです。

●どちらかが常に優れているわけではない

では、抗菌薬の投与はいつも全身投与がよいのでしょうか。ペットの怪我によく使われる医薬品にゲンタマイシンという抗菌薬があります。ゲンタマイシンは、患部を化膿させる緑膿菌にも効く優れた抗菌薬ですが、全身投与すると腎臓に副作用を起こすことがあるので、一般的に軟膏として局所投与されます。このように、全身投与と局所投与は、薬の性質によっても使い分ける必要があります。

また、犬や猫は局所投与の場合、皮膚に塗った薬や点眼した薬が気になって舐めてしまうことや目を掻いてしまうことがあります。そのような場合には、カラーを首に巻いて患部を舐めたり、掻いたりできないようにすることもありますが、それだけでは対応できない場合には塗り薬や点眼薬をやめて注射薬など、全身投与に切り替えることもあります。怪我や目・耳などの治療するにあたっても病気の程度、病原菌の種類、などによって同じ薬でも投与方法を使い分けたり、組み合わせたりして治療が行われます。

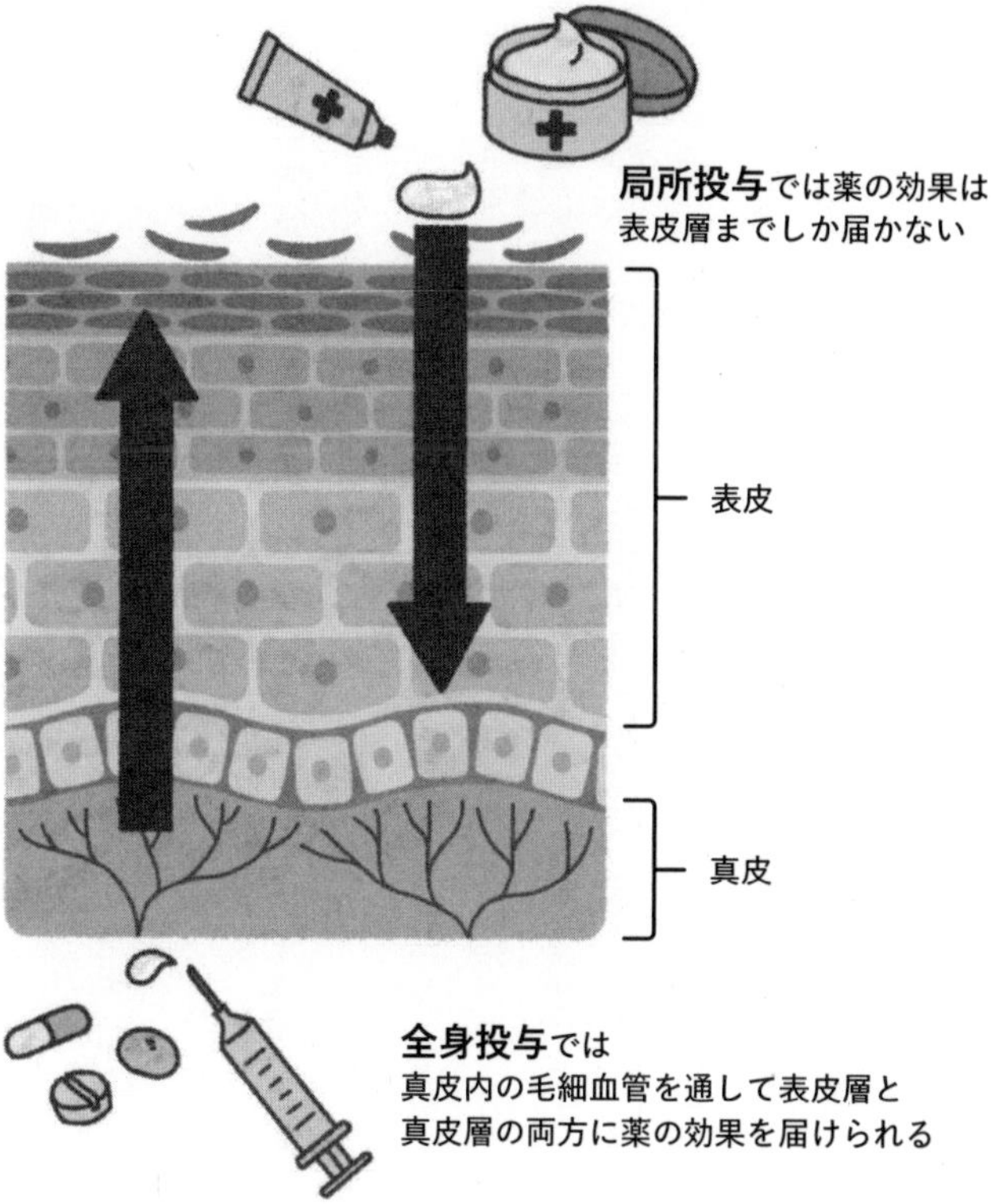
局所投与では薬の効果は
表皮層までしか届かない
表皮
真皮
全身投与では
真皮内の毛細血管を通して表皮層と
真皮層の両方に薬の効果を届けられる

皮膚における局所投与と全身投与の効果の違い。

調剤は自宅でもできる？

●調剤が必要な薬が処方されることも

自宅でペットに投与する必要がある処方薬として、飲ませる経口薬、患部に塗る外用薬、そしてごくまれに皮下注射を主体とした注射剤が処方されることがあります。

動物病院から処方されるときに、一部の薬、特に経口薬は調剤といって、体重あたりの薬用量から1回あたりの投薬量を決め、それに合わせて錠剤の大きさや粉剤や液剤の量を調節しています。

この作業は調剤と呼ばれ、基本的に動物病院のスタッフが行いますが、動物病院によっては飼い主に調剤をお願いするケースもあります。また、治療の途中で薬の量を減らす場合にも、既に処方されていた薬が残っていれば調剤しなおして投与することもあります。自宅で調剤する場合には安全カミソリを使って簡単に錠剤を切り分けることができますし、ピルカッターと呼ばれる錠剤を切り分ける道具、または専用のハサミなどがあれば、簡単に調剤をすることができます。

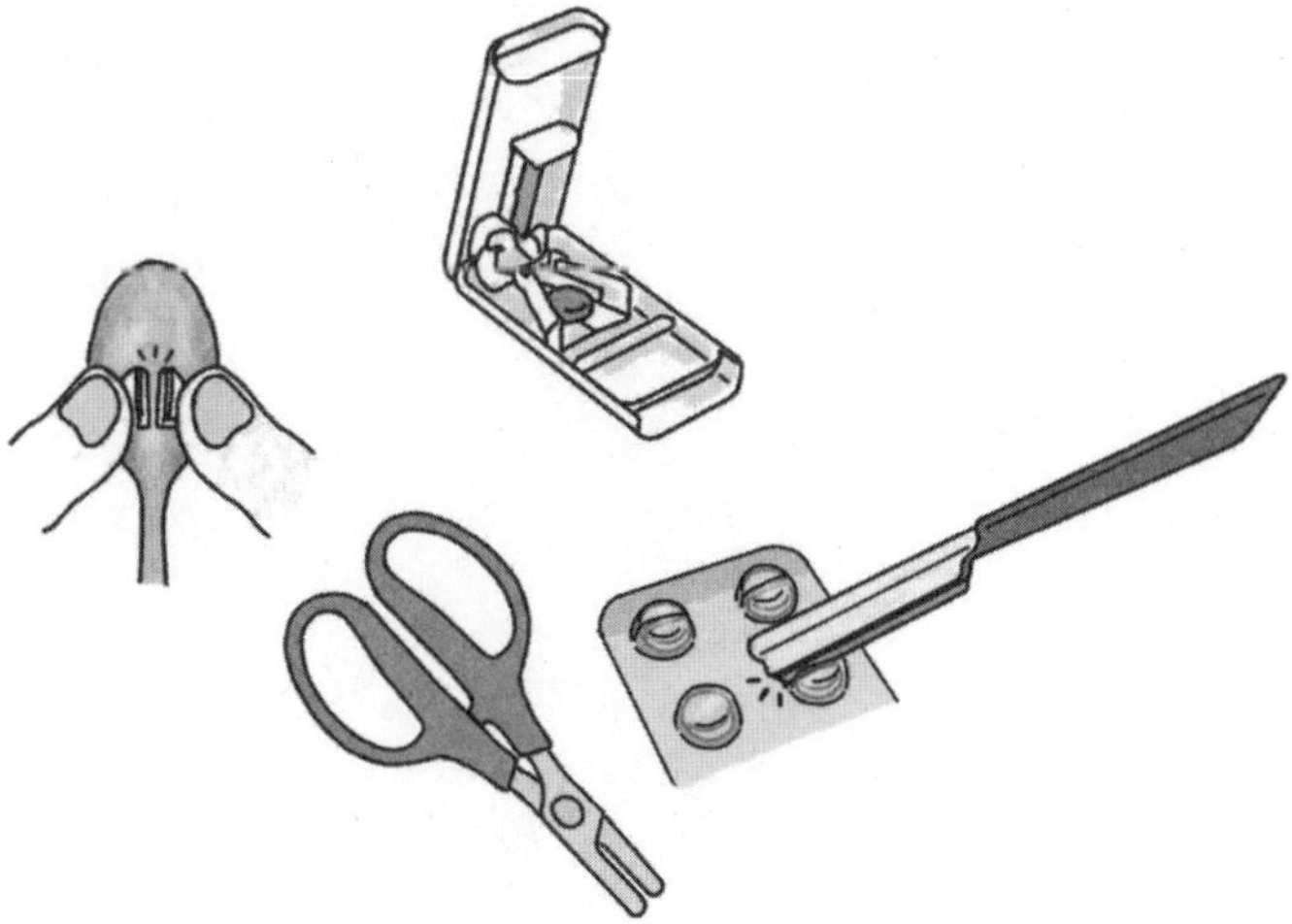

錠剤の切り分けは安全カミソリでもできるが、専用のハサミやピルカッターなどを使うとより安全である。割り目がついているものであればスプーンの背に押し当てて二分することもできる。

投薬のタイミングが決まっているのはなぜ？

●薬を飲ませるタイミングとその理由

薬を服用するのに適した時間、タイミングは人と同様にペットにもあります。一定の間隔で与えるのは体内、特に血液中の薬の量（濃度）を一定の高さに上げ、その後維持するためです。例えば1日3回の薬は3〜4時間以上、1日2回の薬は6〜8時間以上時間をあけて投薬することで、血液中の薬の濃度が高くなりすぎたり低くなりすぎたりすることを防いでいます。そのため、短い時間で続けて投薬したり、間をあけすぎたりすることは危険ですので、指示された時間を守って投薬をするようにしましょう。

また、投薬のタイミングは食前、食後、食間の3つに大きく分けられます。食前は食事の20〜30分前、食後は食事の20〜30分後、食間は食事の2時間ほど後のタイミングを指していますので、投薬する際の参考にしてください。その3つの他に、症状が出たタイミングで投薬する頓服薬という薬もあります。頓服薬の場合は、1日に投薬してよい頻度や投薬の間の時間が薬ごとに決まっていますので、処方された際の説明を守って投薬するようにしましょう。

●食前の薬の前におやつを食べさせても大丈夫？

前述のように、飲み薬は薬の種類によって食前、食間、食後と投薬するタイミングが異なります。それぞれのタイミングで体の状態が異なり、それにあわせて投薬をしていますので、食前の薬を食後に投薬したり、食後の薬を食前に与えることは薬の効果を低下させたり体に害をあたえることがあります。

食間や食前は通常、胃が空っぽの状態です。食前の薬は胃に食べ物があると吸収が悪くなるという特徴をもつものが多く、なおかつ胃粘膜を荒らすことが少ない性質をもっています。ですので、薬を飲む前にほんの少量のおやつなら食べても大丈夫ですが、基本的に薬は、吸収される際に胃の中の食べ物の影響を受けることが多いので、なる

食事を基準にした食前と食後と食間のタイミング。10分くらいは前後しても問題ないが、大きく時間が変わると薬の効果に影響が出ることもある。

べく投薬前にはおやつなどを食べさせず、胃が空っぽな状態を維持するようにしましょう。食間の薬と食前の薬は似たような性質をもっていますが、食前の薬の中には食事の際の消化管の運動を促したり、血糖値の上昇を抑えたりするものもあるので、投薬のタイミングには注意をしましょう。

一方、食後の薬は、食後で胃の中に食べ物がある状態に適した薬であることが多く、胃が空っぽの状態であると胃粘膜にダメージを与える性質をもつものも多いです。そのため体調が優れず食餌が摂れていない場合など、胃の中に食べ物があまり入っていない場合には、おやつなどを食べさせることで薬によって胃の粘膜が荒れるのを防げる場合もあります。

薬を嫌がるときはどうすればいい？

●ペットが薬を嫌がるときは工夫が必要

薬を飲むことに抵抗のない場合もありますが、味が苦かったり、においがあったりする薬や、ペットが薬を飲むこと自体を嫌がる場合、投薬は飼い主にとっても大変な負担になってしまいます。

薬を嫌がる場合には、少量のフードや好きなおやつに混ぜて与えるなど、工夫をするとすんなり飲んでもらえる場合が多いですが、薬の中には飲み物や食べ物の成分と反応して変化するものもあるので、一緒に与えるものには注意が必要です。

水と一緒に飲ませる場合には問題はありませんが、ジュースに混ぜる場合は薬によっては効果や味に変化がでることがあります。例えば、マクロライド系と呼ばれる系統の抗菌薬は非常に苦く、苦みを抑えるために表面にコーティングをしていますが、ジュースなどの酸性の液体に触れるとコーティングが溶けてしまい、苦みが出てきてしまうので、かえって飲みにくくなることがあります。また、薬ごとに、混ぜることで化学的に変性してしまったり、有害な作用が出やすくなるものがありますので、何かと一緒に薬を投与する場合には動物病院でよく確認してください。

ジュースなどと反応して成分が変化する薬もあるので、ジュースやおやつを使用する場合には念のため獣医師に確認するようにしましょう。

また、同じ薬でも飲み薬に錠剤、粉剤、液体など複数の形（剤型）があるものもありますので、錠剤を飲ませるのが難しい、という場合などは他の形の薬に変えられないか、動物病院に相談をしてみるのも1つの手です。また、食餌やおやつに混ぜても器用に錠剤だけ残してしまうということがよくありますが、そのような場合にも粉薬にしてもらうことで安心して投薬できることもあります。

●自宅で錠剤を粉薬にすることも可能

錠剤しかない薬であっても、錠剤を粉にする道具も市販されていますので、自宅で錠剤を粉にして投薬するのも有効な手段です。ただし、錠剤のなかには苦みやにおいを抑えるために表面を糖でコーティングした糖衣錠と呼ばれるものがあり、粉薬にしてしまうと苦みやにおいが出てきてしまいますので、注意してください。また、薬の性質などによっては剤型を変えたりカプセルから出したりしてはいけないものもあるので、自宅で調剤をする場合には念のために動物病院に確認するようにしましょう。

投薬が難しい場合にはさまざまな工夫を施すことで簡単に飲ませられることもあるので、困ったときには動物病院のスタッフに相談するようにしましょう。

さまざまな工夫を施して、飼い主にもペットにも負担がかからない投薬の方法を見つけよう。

自宅ではどうやって投薬すればいい？

●自宅での投薬

飼い主が自宅でペットに投薬する方法としては飲み薬や外用薬（塗り薬、点眼薬や点耳薬など）が一般的です。塗り薬の場合は投薬が簡単ですが、飲み薬や点眼薬、点耳薬は投薬のしかたを間違えると、怪我をさせたり薬の効果が出なかったりしますので、正しい投薬方法を知ることが重要です。

また、投与方法によって薬の作用のしかたや作用が現れる速さが異なりますので、塗り薬を経口投与で与えるような誤った投薬は、時に危険な場合があります。

●投与方法ごとの特徴（全身投与の場合）

○経口投与（飲み薬）

経口投与された薬は食道から胃を経て、主に小腸で吸収されて静脈中に入り、肝臓を経由して全身を循環します（全身循環）。経口投与後の薬の効果の発現は消化管の構造や腸内細菌の種類、動物種などにより大きな差がありますが、注射投与と比べると薬の効果が現れるまでに時間がかかります。また、経口投与された薬は全身循環に到達するまでに一部が肝臓で代謝されるので、同じ量を注射投与した場合よりも効果は弱くなったり、効果の発現が遅くなります。

○非経口投与（注射薬）

非経口投与（注射投与）には、静脈内注射、皮下注射、筋肉内注射、腹腔内注射などがあります。

・静脈内注射

一般的に注射といって想像する投与方法が静脈内注射です。注射針を直接、静脈内に刺しこみ、薬を投与します。投与した薬は経口投与と異なり、一部が肝臓に代謝されることがなく、全量が短時間で全身循環に到達するため、急速に強い効果が期待されますが、作用の持続時間は短いのが特徴です。そのため薬によっては効果を持続させるために輸液（点滴液）に混ぜて継続的に投与する場合もあります。

・皮下注射

皮下注射では皮膚の深い部分にある皮下（皮下組織）の中へ薬を注射します。薬は皮下の毛細血管から吸収されますが、筋肉や腹腔内に比べて皮下は毛細血管の密度が低いので、薬はゆっくり吸収されます。

犬や猫は人に比べて皮下の空間が広く、刺激性の少ない薬や輸液剤であれば大量に投与することが可能です。

・筋肉内注射

筋肉内注射では筋肉の中に薬を注射します。薬は筋肉内の毛細血管から吸収されることで全身に循環します。筋肉内注射で投与した薬は、非常に速く吸収されて全身循環に到達し、効果の発現も一般に早いことが多いです。牛などの大型動物ではよく使用される方法ですが、犬や猫では筋肉の量が少ないので大量に投与する場合には向きません。

・腹腔内注射

腹腔内注射では腹腔（お腹の臓器が入っている空間）に薬を投与します。一般的には静脈内注射が難しい幼若な犬猫やハムスターなどの小動物に対して行います。

代表的な全身投与法の比較

	作用の発現※	投与量	作用の持続
静脈内注射	速い	少量で可	短い
筋肉内注射	▲	▲	▲
皮下注射			
経口投与	遅い	多量が必要	長い

※作用の発現：薬を投与してから作用が現れるまでの時間

●投与方法ごとの特徴（局所投与の場合）

局所投与の方法としては、点眼、点鼻、点耳、皮膚投与、粘膜投与などがあります。それぞれに特徴があり、注意点が存在しますので、しっかりと理解して使用するようにしましょう。

・点眼

眼に投与する薬には、点眼液と眼軟膏があります。点眼液は液体のため、1回の投与で眼に留まっている時間が短く、作用している時間も短くなりますが、眼の違和感は非常に少ないのが特徴です。

一方、眼の眼軟膏は眼の表面に長く留まるので作用時間は長くなりますが、投与後は多少違和感があり、眼を擦ったり掻いたりこともあります。そのような場合はカラーを付けるなどの対処を行う必要があります。

・点鼻

鼻炎などの鼻腔内の病気の治療で用いられる投薬方法で、鼻腔内に薬液を滴下あるいは噴霧します。ペットの場合は液体の薬を使用することが多いです。

・点耳

耳に使われる薬には、耳の洗浄液、抗菌薬、抗真菌薬、駆虫薬、抗炎症薬などがあり、液体の場合と軟膏の場合があります。特に洗浄液は動物病院でも自宅でも頻繁に使用されます。耳の洗浄を行うときには、洗浄液を入れたあとに乾綿などで拭き取るのが一般的ですが、抗菌薬などの治療薬の場合には少量を点耳し、拭き取らずそのままにします。

・**皮膚投与**

皮膚投与では主に軟膏やクリーム剤を皮膚に直接塗布します。皮膚投与される薬は脂溶性が高く（脂に溶けやすい）、皮膚から効率よく吸収されます。また、毛の上から塗布しても浸透して吸収される薬もあります。

・**粘膜投与**

粘膜投与に用いる薬は脂溶性が高く、口腔、肺、鼻腔、直腸、子宮、膣などの粘膜から速やかに吸収されます。小動物では、座薬の他に、オスの包皮やメスの膣に薬を投与することがあります。

例として、解熱鎮痛薬を座薬で投与する場合をみてみましょう。薬は直腸の毛細血管から吸収されて全身循環に入り、全身投与した場合と同様に速やかに作用します。また胃に障害を与えにくい場合が多いので、経口投与薬のかわりに使用することがあります。他にも、血管を広げる作用をもつニトログリセリンの錠剤は、舌にのせることで急速に溶けて口腔粘膜から静脈に吸収されるため、急速な効果が期待できます。

●自宅での投薬

全身投与のうち、自宅でできるのは経口投与と皮下注射ですが、経口投与で行ってもらう場合がほとんどです。皮下注射は練習が必要（必要なときには動物病院で教えてもらうことができます）で、飼い主に自宅で行ってもらうことは滅多にありませんが、糖尿病におけるインスリン注射や慢性疾患（腎不全や何らかの食欲不振が続く病気など）での水分やビタミンなどの栄養成分補充のための皮下点滴（補液）などは自宅で行ってもらう場合もあります。

一方、局所投与はどれも病気や症状に合わせて自宅で行ってもらう場合が多いです。どの方法で投薬するにしても、正しい投与方法を理解するようにしましょう。

○経口投与

錠剤やカプセルの場合、直接口の中に投与します。具体的な飲ませ方は犬でも猫でも同じで、動物の頭が前（水平方向）を向いている状態のまま片手で上あごを押さえ、もう片手で薬を持ったまま下あごを押して口を開きます。口を開いたら舌の根元に薬を置き、口を閉じさせて薬を吐き出さないように口元をしばらく押さえます。のどが動いて飲み込む様子が確認できたら投薬完了です。

口を開く際に顔を上に向ける方がいますが、上を向かせてしまうと気道が狭くなり、苦しさを感じて嫌がりますので、なるべく前を向けるように注意しましょう。また、薬を放りこむようにしてのどの奥に入れる方がいますが、間違って気道に入ってしまうと危険ですので、舌の根元に置くようなイメージで投与しましょう。

粉薬の場合は水やシロップに溶かし、注射器(針のついていないもの）を使って飲ませます。口を押さえ、隙間に注射器を差し込んでゆっくり少しずつ薬剤を押し入れます。口を押さえる力が強いと苦しくなって嫌がりますので、気をつけましょう。

錠剤の与え方

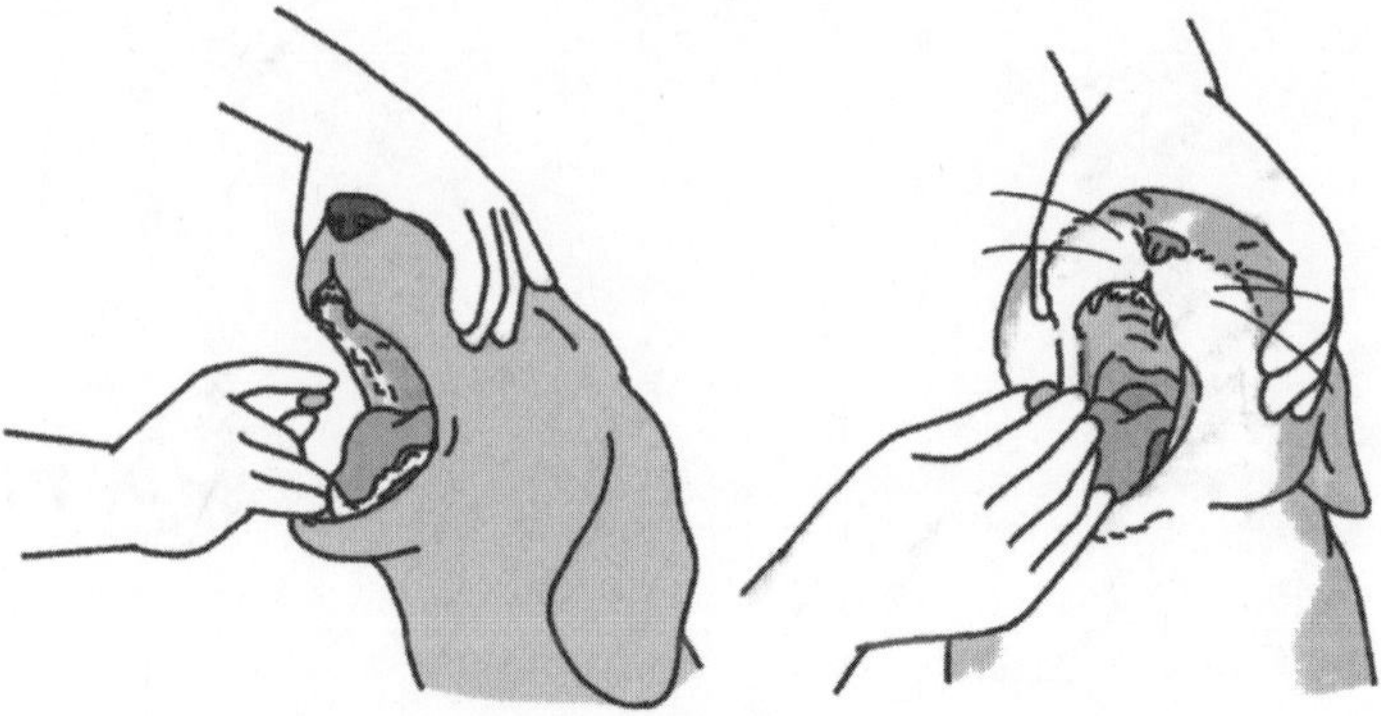

片手で上あごを固定し、もう片手で錠剤を持ったまま口を開く。
犬ではマズルをつかんで固定する。
猫や短頭種の犬では頭をつかむ。

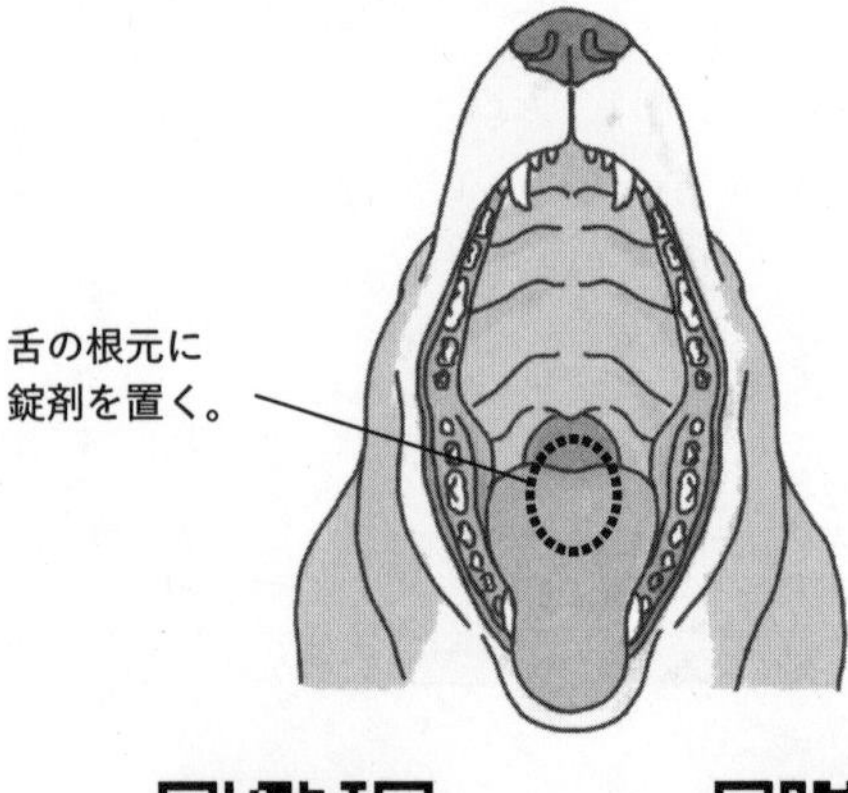

犬の場合
https://eqm.page.link/C1d4

猫の場合
https://eqm.page.link/eFWJ

粉薬の与え方（液体に溶かして投薬する場合）

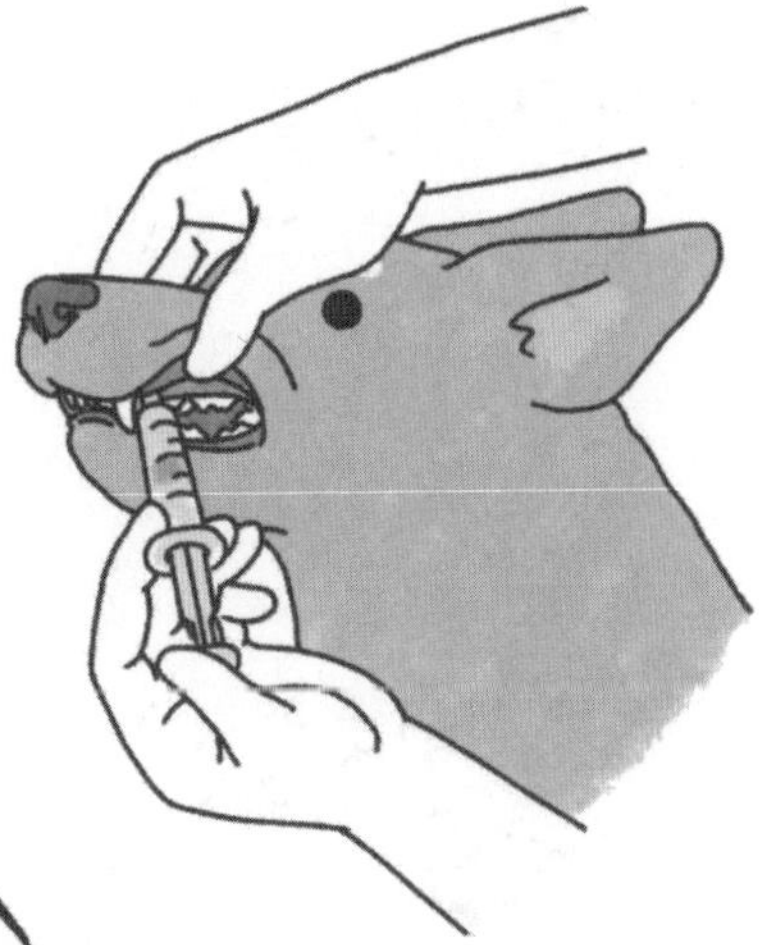

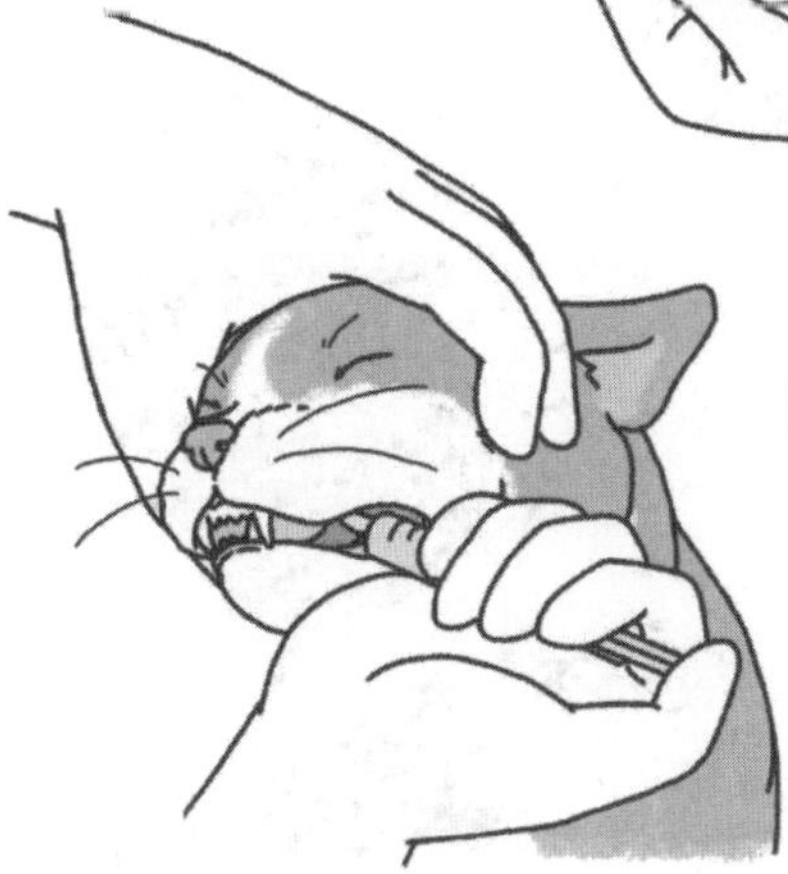

片手で上あごや頭を押さえながら
注射器を犬歯の後ろに差し込む。

犬の場合
https://eqm.page.link/2VCK

猫の場合
https://eqm.page.link/jo1J

○皮下注射

自宅で皮下注射を行うのは主にインスリンなどを投与する場合と皮下点滴（補液）を行う場合があります。どちらの場合も、左右の肩甲骨の間の皮膚のたるんだ部分に注射を行います。ペットが動かないように保定し、注射する部分をアルコール綿などでふいて消毒します。3本の指でたるんだ皮膚をテント状につまみ上げ、針を立てずに背中と平行な方向に刺しこみます。

注射や輸液が終わったら針を抜き、注射した部位を乾綿などで数十秒間押さえて出血や薬剤の漏れがなければ投与完了です。大量に輸液を行った後には、背中にできたふくらみが脚やお腹の方向に移動することがありますが、正常な現象ですので心配はいりません。また、高齢な動物では皮膚が薄くなって針穴が広がり、薬液が漏れることもあります。そのような場合には投与を止め、動物病院に相談するようにしましょう。

なお、インスリン専用注射器や皮下点滴に使う翼状針は、「医薬品、医療機器等の品質、有効性及び安全性の確保等に関する法律」（薬機法）に基づいて処方されるもので、市販はされていません。かかりつけの動物病院の休診日に他の動物病院でもらおうとしても診察が必要となるので注意してください。また、これらの注射器や針は、医療廃棄物あるいは特別管理一般廃棄物という区分になるので、使用後は家庭ごみとして捨てず、動物病院に返却しましょう。

皮下注射のしかた（皮下点滴の場合）

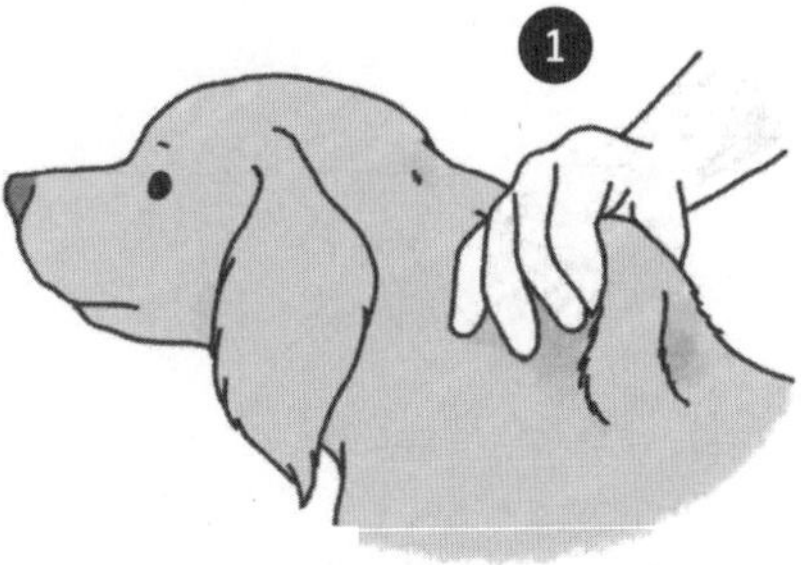

肩甲骨の間あたりの皮膚のたるんだ部分を３本の指でつまみ、テントのような形に持ち上げる。

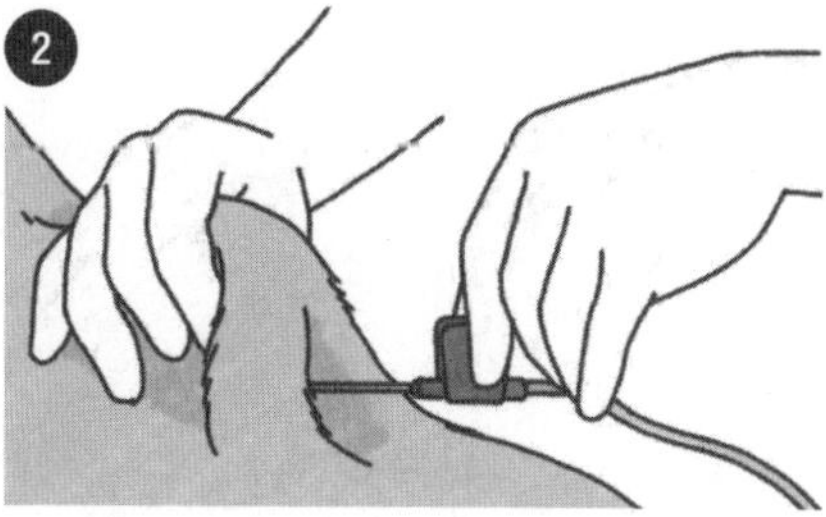

片手で皮膚を持ち上げたまま、もう片手で翼状針を持ち、針を皮膚のテント状の部分に刺しこむ。刺しこんだら少しだけ輸液を流し、漏れがないこと、痛がる様子がないことを確認して輸液の流量を増やす。

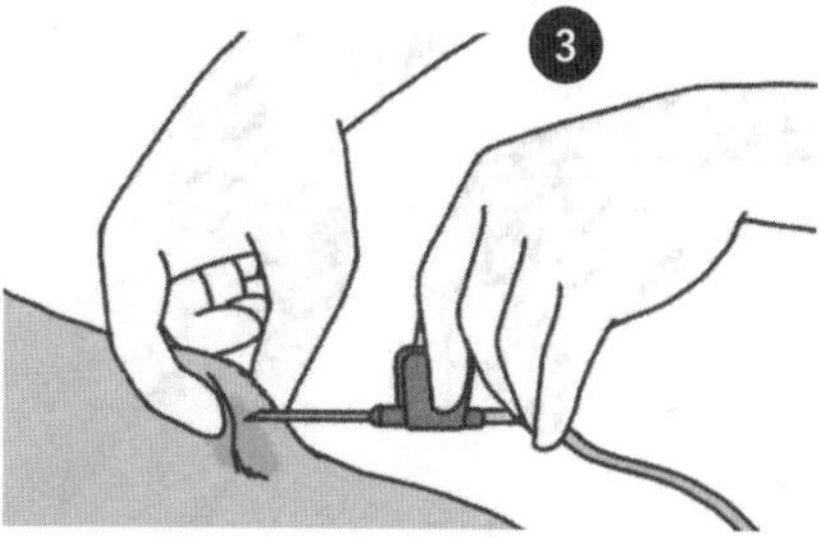

輸液が終わったら、針の周りの皮膚を押さえながら針を抜く。しばらく乾綿などで針穴の周りを押さえ、出血や輸液の漏れがないことを確認して完了となる。

皮下注射のしかた
皮膚の消毒から点滴の流れまで
https://eqm.page.link/MMKt

○点眼

点眼液の場合は、人と同じように上から垂らして投与しますが、犬や猫は眼にものが近づくとびっくりして怖がってしまうので、顔の前から手を近づけるのではなく、動物の後ろ側から点眼をします。顔を軽く押さえて少し上を向かせ、指で軽く上まぶたを開き、点眼液を眼から少し離して必要量垂らします。しっかり眼に滴下したら、数秒間まぶたを開いたままにして浸透するのを待ちます。点眼液が入った直後は気になって掻いてしまうこともありますが、おやつを与えたりして気を紛らわせればすぐに気にしなくなります。

眼軟膏を塗る場合にも同じように顔を押さえて上まぶたを開き、まぶたと眼の隙間に塗るように軟膏を塗布してからパチパチと瞬きをさせるように両まぶたを閉じさせ、眼全体に広げます。

どの投与法でも共通することですが、投与するときにペットに触れる手が汚れていると、感染症の原因になります。特に点眼のように粘膜に触れるときには事前の手洗いを徹底しましょう。

点眼液の差し方

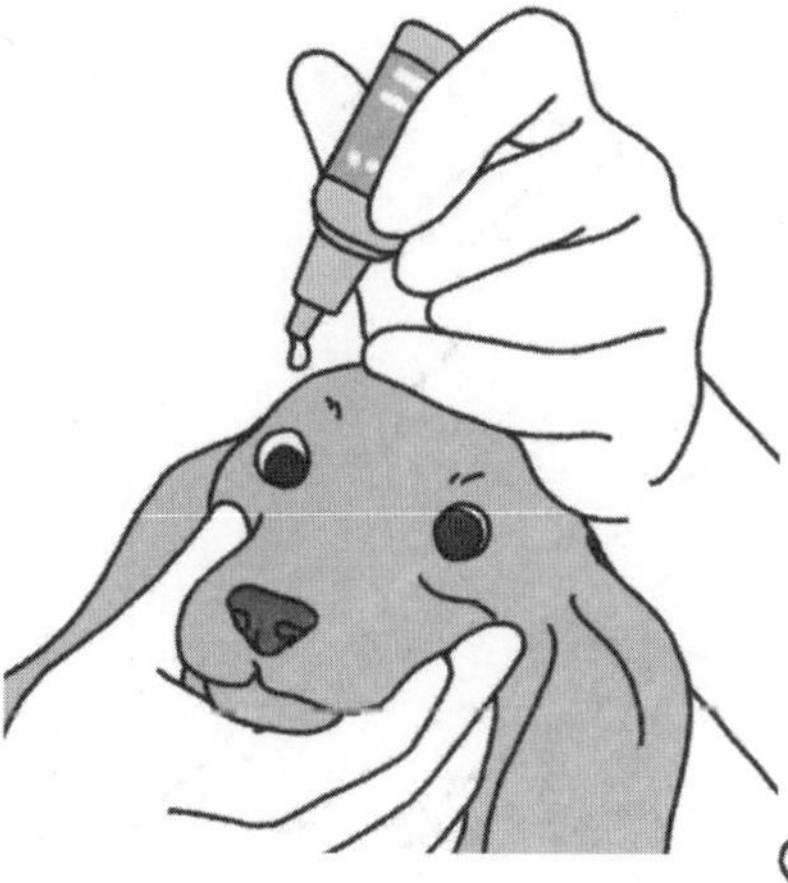

後ろ側から、片手で下あごを固定し、もう片手の小指で皮膚を引っ張って上まぶたを開き、眼に点眼液を滴下する。

犬の場合
https://eqm.page.link/SYtZ

猫の場合
https://eqm.page.link/nBgo

眼軟膏の塗り方

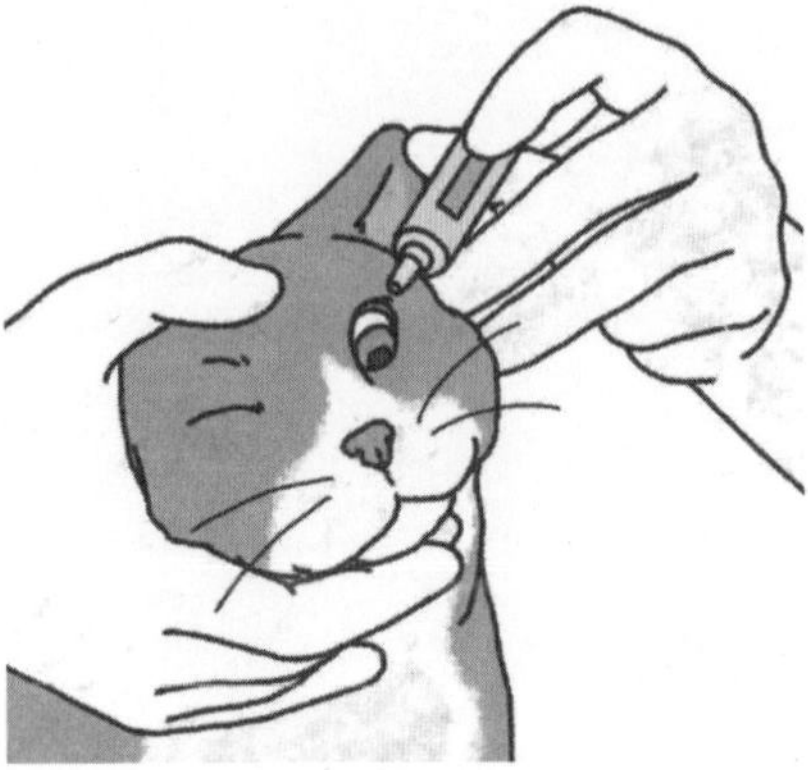

1

点眼液と同様に、後ろから頭を固定して上まぶたを開き、上まぶたと眼の隙間に眼軟膏を塗りつける。チューブのまま使うことが不安な場合には綿棒などに移してから眼に塗るとよい。

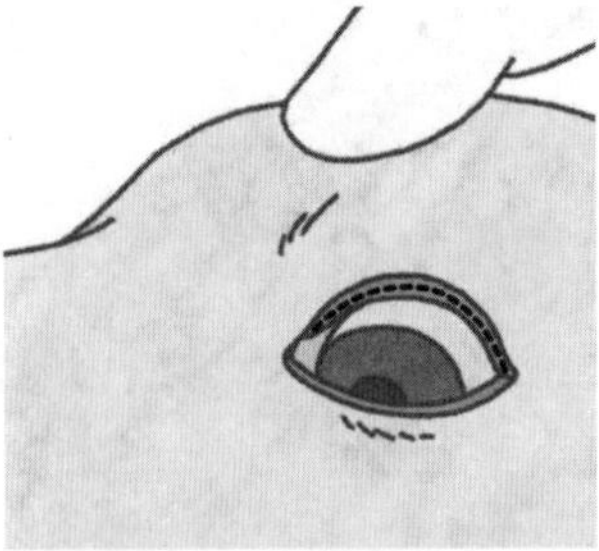

2

眼球に直接塗り付けるのではなく、上まぶたの内側に塗るイメージで眼軟膏を塗る。

犬の場合
https://eqm.page.link/oLHn

猫の場合
https://eqm.page.link/HdHt

○点耳

　点耳薬のうち、耳の洗浄液などは市販で入手することもできます。しかし、頻度を間違えると耳洗浄自体が外耳炎などの病気の原因になりますので、動物病院で指示された用量・用法を守るようにしましょう。

　耳洗浄をするときは、耳道の周りをきれいに拭き、指で耳をつまんで持ち上げ、洗浄液を耳の中に適量入れます。その後、耳の下の柔らかくなっている部分をもんで洗浄液を耳道の中で動かしてすすぎます。最後は乾綿を耳道に当てて洗浄液を吸い取るようにします。点耳薬の場合も同じようにして耳に薬剤を入れてもみほぐしますが、その後は拭き取ったりせずそのままにします。

点耳薬の差し方

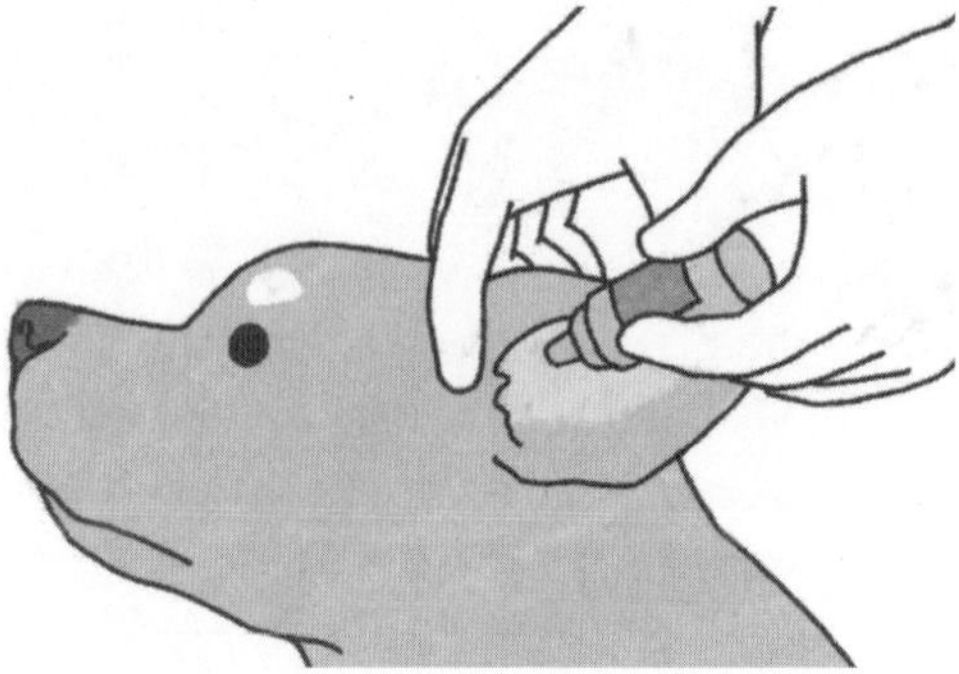

1 片手で耳をつまんで広げ、もう片手で点耳薬を耳の孔に差す。

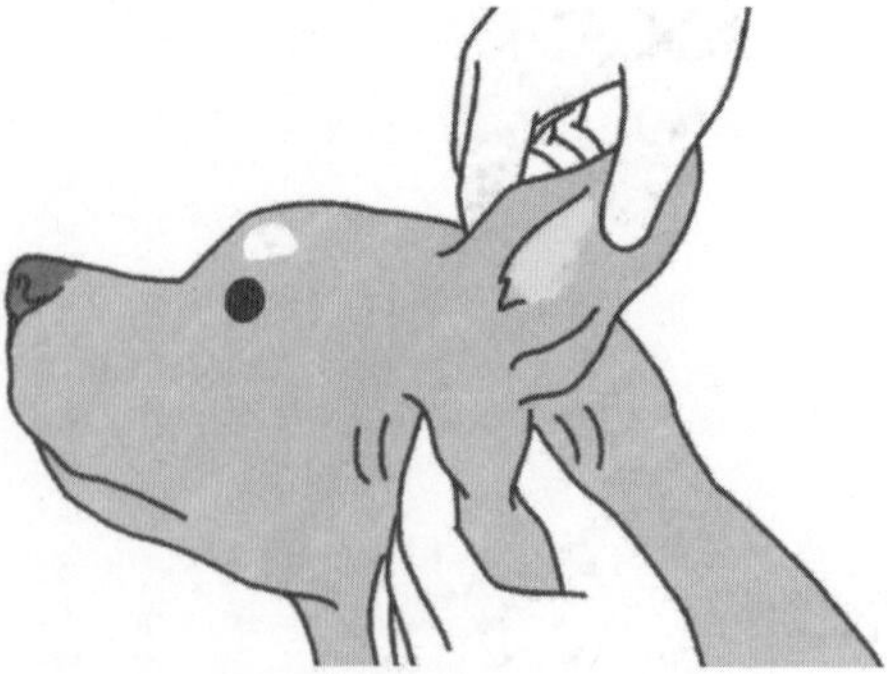

2 耳洗浄の場合は、洗浄液を差した後に耳の下の柔らかい部分をもんで洗浄液を耳道内で動かす。

犬の場合
https://eqm.page.link/59HP

猫の場合
https://eqm.page.link/XDw8

第2章

予防薬のこと

ワクチン接種でどうやって感染症を防ぐの？

●感染症を防ぐのは免疫の役割

私たちが生活をする身の周りには、細菌やウイルスなどの目に見えないものが多数存在します。このようなもののうち、病気を引き起こす原因となるものは病原体と呼ばれ、体の中に侵入すると病気を発症し、最悪の場合では死に至ることもあります。しかし、体の中には一度病気を起こした病原体が、再び侵入しても病気にならないようにする仕組みが存在しています。このような病原体に対する体の仕組みは免疫と呼ばれています。

免疫ができることで、病原体に対して抵抗するシステムが体の中で整えられます。感染によってできた免疫は病気が治ってからも体の中でしばらく記憶されるので、ふたたび病原体が侵入しても病気にかからない、もしくは病気にかかっても重症化しないようになります。

●ワクチン接種は免疫をつくるため

体の中で免疫を作り出す仕組みを人工的に再現しているのがワクチンです。ワクチン接種を行うことで、動物の体は病気を発症することなく、特定の病原体に対する免疫を作り出したり、既に獲得している免疫を強くすることができます。

●生ワクチンと不活化ワクチン

　ワクチンは成分によって、生ワクチンと不活化ワクチンの2種類に分類されます。

　生ワクチンは、対象となる感染症の病原体の病原性（病気を引き起こす力）を弱めたものです。生ワクチンの接種によって、自然に感染したときと同程度の免疫が作り出されることが期待されますが、その分不活化ワクチンよりも体にかかる負担が大きくなります。

　不活化ワクチンは、病原体を不活化（死滅化）させる処理を行い、病原性をなくしたものです。不活性ワクチンは、生ワクチンや自然感染よりも免疫を強める効果が弱いので、複数回接種をしたり、ワクチンの効果を強くするような成分（アジュ

	生ワクチン	不活化ワクチン
成分	病原性を弱めた病原体 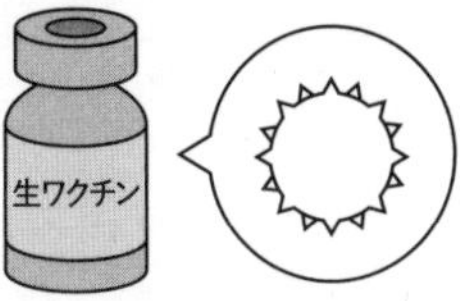	病原性のない病原体やその成分 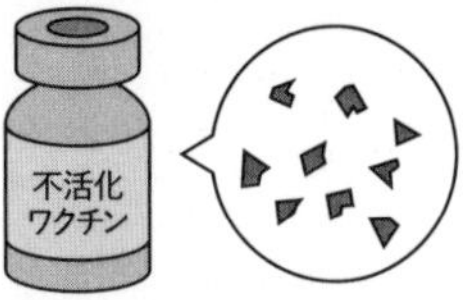
接種回数	少ない接種回数で免疫を獲得できる。	自然感染や生ワクチンに比べて獲得できる免疫力が弱く、複数回の追加接種が必要。
体への負担	自然感染よりは小さいが、不活化ワクチンよりも負担が大きい。	体への負担は自然感染や生ワクチンよりも小さい。

バントと呼ばれます）とあわせて接種をすることがあります。

●みんなが免疫を強くすることで感染を防ぐ集団免疫

ワクチン接種をすれば感染症を予防することができるだけではなく、他の動物に病気をうつすことも防げます。

さらに、地域で一定割合以上の動物が特定の感染症に対する免疫を獲得することで、地域全体にその感染症が広がりにくくなる集団免疫という仕組みが存在します。ワクチン接種を行うのは自分のペットを感染症から守るためだけではなく、地域全体を集団免疫によって守ることにつながっています。高齢や持病でワクチン接種ができない場合もありますので、そういったペットたちを守るためにも、適切なワクチン接種を徹底するようにしましょう。

ワクチンで予防する必要があるのはどんな病気？

ワクチンは、全てのペットに接種が推奨されるコアワクチンと、生活様式などの感染リスクに応じて接種すべきノンコアワクチンに大別されます。

コアワクチンの対象となる感染症は、感染力が強く致死率の高いものです。これらの感染症は世界中で発生が見られ、前述した集団免疫の獲得によって国内での流行を防ぐことが必要となっています。

一方、ノンコアワクチンの対象となる感染症は、地域によって感染が見られたり、生活環境によって感染リスクが生じるものです。全てのペットに必要というわけではありませんが、感染リスクがある場合には接種したほうがよいので、気になる場合には動物病院に確認するようにしましょう。

●犬のコアワクチン
―犬パルボウイルス

罹患率や死亡率が高い感染症で、激しい嘔吐や下痢、発熱、元気食欲の低下などの症状を引き起こします。免疫力の弱い幼少期に感染することが一般的ですが、免疫の低下した成犬でも感染が見

	コアワクチン	ノンコアワクチン
犬	・犬パルボウイルス ・犬ジステンパーウイルス ・犬アデノウイルス ・狂犬病ウイルス	・犬パラインフルエンザウイルス ・レプトスピラ ・ボルデテラ
猫	・猫ヘルペスウイルス ・猫カリシウイルス ・猫汎白血球減少症ウイルス	・猫白血病ウイルス ・猫免疫不全ウイルス ・クラミジア

られることがあるので、年齢だけではなく状態に応じて注意が必要です。

非常に感染力の強いウイルスで、感染した犬の糞便や嘔吐物から感染します。また、環境中でも長期間生存することが可能で、感染した犬と触れ合った人や使用した食器などを介して間接的に感染することもあります。感染が起きてしまった場合には同居する他の犬への感染にも注意を払う必要があり、治療にも隔離された入院施設での管理が必要になります。また、犬パルボウイルスは猫にも感染することがあります。

1回のワクチンでは免疫が不十分なこともあるので、特に子犬では犬パルボウイルスに対するワクチンは3回以上接種するのがおすすめです。

― 犬ジステンパーウイルス

感染力が強く死亡率も高い感染症で、発症した場合には有効な治療方法がありません。初期の症状は元気食欲の低下、嘔吐や下痢、発熱、鼻水、くしゃみといった呼吸器症状ですが、悪化すると麻痺やけいれんなどの神経症状を示します。助かった場合でも神経症状が後遺症として残ることがあります。感染した犬の鼻水、唾液、糞便、くしゃみによる飛沫から感染するため、自宅で感染が起きてしまった場合には同居する他の犬への感染にも注意を払う必要があります。

1回のワクチンでは免疫が付きにくいので、特に子犬のときには犬ジステンパーウイルスに対するワクチンは3回以上接種するのがおすすめです。

― 犬アデノウイルス

犬伝染性肝炎(CAV-1)

子犬での死亡率が高い感染症です。元気食欲の低下、嘔吐や下痢などの症状が見られ、肝炎や腎炎の他、前部ぶどう膜炎が生じ、ブルーアイと呼ばれる目が青くなる症状が見られることも特徴的です。また、突然死することもあります。

感染した犬の糞便や尿、唾液中にウイルスが存在し、直接的な接触により感染を起こします。感染した犬は長期にわたってウイルスを排泄する可能性があるので、回復しても発症した犬への接触には注意が必要です。

犬伝染性喉頭気管炎(CAV-2)

咳やくしゃみなどの呼吸器症状が見られ、感染した犬との直接の接触や飛沫を介して感染します。発症には複数の病原体が関与することがあります。犬伝染性肝炎よりも致死率は低いですが、感染力が強く、発生頻度の高い病気の1つです。

― 狂犬病ウイルス

狂犬病ウイルスは人を含む全ての哺乳類に感染し、発症した際の致死率はほぼ100%という非常に恐ろしい感染症です。日本では狂犬病予防法により、生後91日以上の犬は年1回の予防接種が義務付けられています。

日本は狂犬病の感染がない清浄国として認定されていますが、世界ではいまだに多くの地域で発生が報告されています。主に狂犬病を発症した犬に噛まれることで、唾液中に含まれるウイルスが傷口から体内に侵入し感染を起こします。狂犬病を発症した犬の脳や脊髄でウイルスが増殖することで、光や音に対して過敏な状態になり、きわめて攻撃的になります。現在は人にも犬にも有効な治療法はなく、感染予防が非常に重要な感染症です。

●犬のノンコアワクチン

― 犬パラインフルエンザウイルス

― ボルデテラ

どちらも、犬伝染性気管気管支炎(ケンネルコフ)の原因となる感染症で、咳や鼻水といった風邪のような呼吸器症状を示します。前述の犬伝染性喉頭気管炎(犬アデノウイルス)のように、感染力が強く発生頻度の高い感染症です。

― レプトスピラ

ネズミなどの野生動物から感染する感染症で、

人にも感染を起こす人獣共通感染症です。感染した動物の尿中に病原体であるレプトスピラ菌が含まれ、その尿に直接触れることで感染するだけでなく、尿によって汚染された水や土壌からも感染が起こります。感染しても症状を示さないこともありますが、多くの場合では黄疸が生じ、腎不全や体内の出血などが引き起こされます。

レプトスピラは菌の表面の構造に微妙な違いが存在する（この違いによる分類を血清型と呼びます）という特徴があり、血清型ごとにワクチンが異なります。そのため、生活している地域で流行している血清型に合わせたワクチン接種が必要となります。

室内で飼育している場合には感染リスクはきわめて低いですが、山などの野ネズミが出入りをする環境に触れることがあるなら、レプトスピラのワクチンが入った混合ワクチンの接種をおすすめします。

●猫のコアワクチン
―猫ヘルペスウイルス

猫伝染性鼻気管炎とも呼ばれる感染症で、感染猫との接触や、眼脂や鼻水による飛沫によって感染します。多頭飼育など、猫どうしの接触の多い環境では感染率が高くなります。感染した猫は結膜炎や鼻炎の症状が見られ、子猫では重症化しやすく死亡率も高いのが特徴です。

また症状が回復した猫でも、キャリアと呼ばれるウイルスを保有した状態になり、再発を繰り返すこともあります。そのため、一度感染してしまうと生涯にわたった管理が必要になります。

―猫カリシウイルス

猫ヘルペスウイルスと同じく直接接触や飛沫により感染を起こします。感染猫はくしゃみ、鼻水といった呼吸器症状の他、涙を流したり、口腔内に潰瘍を形成し、痛みやよだれを流すなどといった症状も示します。猫カリシウイルスは環境中で長期にわたって生存することができるのに加え、感染しても症状を示さない猫が長期に渡ってウイルスを排泄することから、非常に強い感染力を示します。近年、より病原性の強いウイルスの報告もあり、猫においては致死率の高い病気の1つです。

―猫汎白血球減少症ウイルス
（猫パルボウイルス）

感染猫の糞便などから感染を起こし、発症すると激しい消化器症状や、白血球数の著しい低下が認められます。ワクチン接種をしていない子猫では特に致死率の高い感染症です。猫汎白血球減少症ウイルスは環境中で長く生存し、また感染力も強いウイルスであるため感染予防に注意が必要です。

●猫のノンコアワクチン

―猫白血病ウイルス

ウイルスは唾液、鼻水、糞便や乳汁中などさまざまな体液に含まれ、感染猫によるグルーミングやケンカによる咬傷などで感染を起こします。体内で増殖せずに静かに感染状態が続く潜伏感染や、常にウイルスが増殖している持続感染という状態になることがあります。持続感染の状態になると、数年以内に免疫介在性疾患（免疫によって自分自身の組織や臓器が攻撃される病気）、リンパ腫、急性白血病などのさまざまな病気を発症し、最終的に死亡します。感染猫との接触を避けることが最大の予防であり、感染猫と接触する（猫が家の外に日常的に出るなど）危険性がある場合はワクチンを接種することをおすすめします。

― 猫免疫不全ウイルス

猫エイズとも呼ばれる感染症で、感染猫の唾液や血液中にウイルスが含まれ、ケンカによる咬傷で感染するケースが多いのが特徴です。感染してもすぐに症状を示すわけではなく、数年の無症候期間（感染はしているが、症状が現れない期間）を過ぎた後で悪性腫瘍、免疫介在性疾患などが現れます。感染猫であっても免疫によってウイルスの増殖が抑えられた場合には、無症状のままで生涯を過ごすこともあります。猫白血病ウイルスと同様に感染猫との接触を避けることが最大の予防となるため、室内で猫を飼育することが予防になります。

― クラミジア

1歳未満の子猫が感染することが多く、猫どうしの接触などで感染します。結膜の充血やくしゃみなどの症状が見られ、生まれたての子猫では新生子結膜炎が生じることがあります。人からも検出されている病原体であり、人獣共通感染症の可能性があるため、十分に注意が必要です。

ワクチンの副反応が怖いけど、接種したほうがいい？

●ワクチン接種には有害事象のリスクがある

現在、日本国内にはさまざまなペット用ワクチンがあり、対象としている病気の種類や数の違い、製造会社の違いなどによってワクチンの名前が異なります。

いずれのワクチンも、接種後にペットの健康状態に影響する何らかの有害反応（副作用・副反応とも呼ばれます）や意図しない作用が認められることがあります。このような有害反応や意図しない作用は、ワクチン接種後の有害事象と呼ばれます。有害事象の中には、注射部位の痛み、発熱、下痢、嘔吐などといった軽い症状から、アナフィラキシーショックのように全身性で重篤な、直ちに動物病院で適切な処置を行わないと死に至る可能性のあるものまであり、接種時には注意が必要です。また、ごくまれにではありますが、猫においては注射部位に肉腫（悪性の腫瘍）が発生することもあります。

●ワクチンによる有害事象のリスクはきわめて低い

ワクチン接種後のアレルギー反応の件数は、犬で1万件あたり38件、猫で1万件あたり52件と、比較的発生率が低いことが報告されています。ヒト新型インフルエンザワクチンに対するアレルギー反応が接種部位に生じる確率が10～20％とされていますので、比較すると、犬猫のワクチンのアレルギー反応率がいかに低いかが分かります。ちなみに、日本国内では、小型犬種、中でもミニチュア・ダックスフンドでワクチン接種後のアレルギー反応の発生が多いと認識されています。

●ワクチンは極力接種した方がよい

現在動物病院で使用されているワクチンの安全性は高く、ワクチン接種後に認められる有害事象のリスクよりも、前の項で説明した感染症の予防や、病状の軽症化のメリットの方が圧倒的に大きいです。特にコアワクチンに分類される感染症には高い罹患率や致死率、重篤な症状を示すものが多く、ワクチン接種は多くのペットをこのような感染症から守ることができるので、極力行うようにしましょう。

ワクチン接種にはデメリットもあるが、メリットの方が大きいことが多い。

●ワクチン接種時に確認しておくべきこと

ワクチン接種前には十分にペットの健康状態を確認し、重い病気を抱えていたり、妊娠中であったり、過去にワクチン接種でアナフィラキシーショックを起こしたことがある場合は接種を控えましょう。また、病気の治療中や治療後間もない時期や、高齢のペットのワクチン接種も慎重な判断が必要です。

アナフィラキシーショックなどワクチンで起こる重篤な有害事象は接種後短時間で起こります。もしワクチン接種後の副反応が心配な場合は、なるべく午前中にワクチン接種を行い、接種後30分間は動物病院の待合室で様子をよく観察してあげてください。また、アナフィラキシーショック以外のアレルギー反応を示すペットにワクチンを接種する際は、接種前にワクチンによるアレルギー反応を抑えるための薬（抗ヒスタミン薬や副腎皮質ホルモン）の投与を行うことによって、アレルギー反応を回避できる場合があります。

ワクチン接種**前**に確認しておきたいこと

□持病や治療中の病気はありませんか
□妊娠はしていませんか
□過去にワクチン接種でアナフィラキシーショックを起こしたことはありませんか
□ワクチンの接種間隔は適切ですか
□ワクチン接種後は１日様子を見ていられますか

当てはまる項目がある場合は、ワクチン接種をして大丈夫か、動物病院で相談しましょう。

ワクチン接種**後**に確認しておきたいこと

□元気が無く、ぐったりしていませんか
□体が熱っぽくありませんか
□苦しそうな呼吸をしていませんか
□嘔吐や下痢の症状はありませんか
□顔が腫れたり、体を痒がったりしていませんか

当てはまる項目がある場合は、すぐに動物病院のスタッフに伝えましょう。

なぜワクチンは毎年接種するの？

●ワクチン接種を定期的に行うのには理由がある

感染症予防のためのワクチン接種を行うタイミングについては、年1回決まった時期に行っている飼い主がほとんどではないかと思います。しかし、そんな飼い主の中にも、ワクチン接種後の有害反応への心配や、頻繁に動物病院へ連れていく大変さから、もっと頻度を下げてはいけないのかと疑問に感じている方は多いのではないかと思います。実際に、ワクチン接種を行っても免疫力が十分に上がらなかったり、あるいは既にワクチンの対象となる病気に対する十分な抗体をもっていてワクチン接種が必要ないケースなども考えられます。この項では、それぞれのワクチンを定期的に接種する理由について説明しながら、ワクチン接種のタイミングについて考えていきたいと思います。

●ワクチン接種のタイミングはワクチンの種類や動物の状態に合わせて決める

まず、犬の狂犬病ワクチンに関してですが、日本では狂犬病予防法によって、生後91日以上の犬に対して毎年狂犬病予防接種を行う義務が定められています。接種を怠った場合には飼い主が罰則を受ける可能性もあるので、年1回の接種を必ず行うようにしてください。もちろん、持病や体調不良の場合には接種の延期が可能ですので、心配な場合には必ず動物病院に相談するようにしてください。

つぎに、コアワクチン（犬で4種類、猫で3種類）とノンコアワクチンに関してですが、コアワクチンは一度免疫を獲得すると、長期間免疫が持続します。一方で、ノンコアワクチンはコアワクチンと比較して免疫持続期間が短いので、コアワクチンとノンコアワクチンでは接種が必要なタイミングが異なります。

また、ワクチン接種によって免疫力が上昇している期間には個体差が大きく、一度のワクチン接

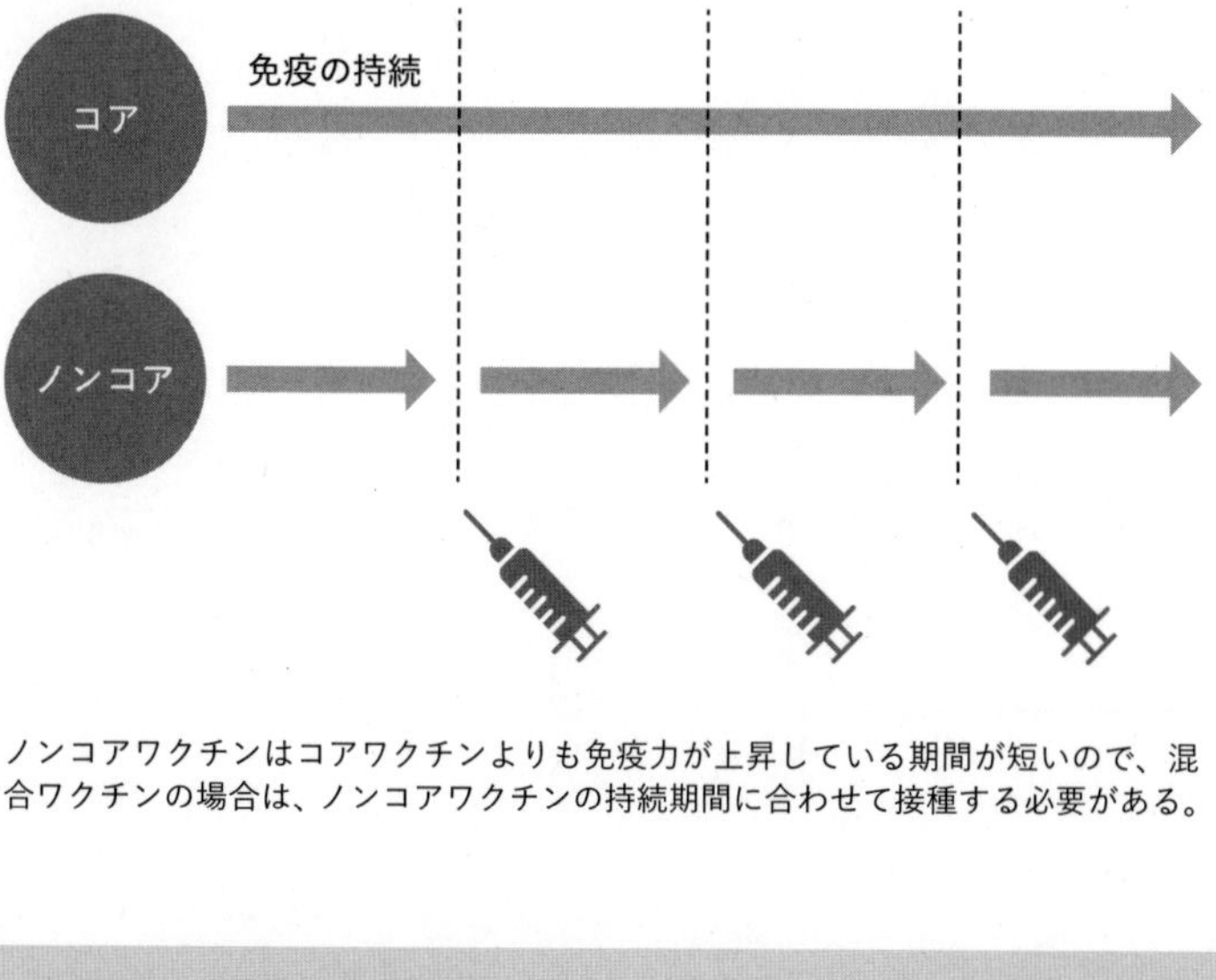

ノンコアワクチンはコアワクチンよりも免疫力が上昇している期間が短いので、混合ワクチンの場合は、ノンコアワクチンの持続期間に合わせて接種する必要がある。

種で3年以上の長期間にわたって免疫力が持続するケースもありますが、1年間も持続しないケースもあります。前の項でも説明した内容になりますが、ワクチン接種によるアレルギー発生のリスクがある場合は、毎年のワクチン接種がかえって健康を害するリスクになることもあります。そのような場合は獣医師と相談してワクチン接種を行うかどうかを慎重に決めましょう。

健康なペットであっても、まだ免疫が残っている場合には、年1回のワクチンが過剰接種につながり、ワクチン接種による副反応のリスクが高まることがあります。これらの副反応のリスクを可能な限り低くするためにも、過剰なワクチン接種は避けたほうがよいと思います。

このように個体によってワクチンによる免疫の持続する期間が大きく異なったり、健康状態の違いも認められるため、ワクチンの接種に関しては、タイミングが必ずしも一律ではないのが現状です。

●ワクチン接種による免疫力の上昇を調べることが大事

現在もっている免疫力を確認するために、体内のワクチン抗体の量を測定する方法があります。この方法はワクチン抗体価検査と呼ばれていて、動物病院で血液を採取して抗体価（特定の感染症に対する免疫力）を調べることができます。抗体価検査を行ってペットがもつ抗体の量を知ることで、抗体の量が低下している種類のワクチンのみ追加接種を行うなど、ワクチン接種を必要最低限に抑えることができます。抗体の量が基準以上であると認められた場合は、ペットの免疫力が維持されている状態なので、ワクチンの追加接種を行う必要はありません。

ただし、ワクチンの抗体価検査ができるのはコアワクチンのみで、全てのワクチンの抗体価を調べることはできません。そのため、ノンコアワクチンに関しては、ワクチン接種の必要性を検査で判断することできません。さらに、ワクチンの種類に関しても、コアワクチン・ノンコアワクチンを完全に分けたワクチンは存在しないため、おのおのに合わせたオーダーメイドのような細かなワクチン接種をすることはできないのが現状です。

●検査結果はあくまで指標にすぎない

検査した抗体価は血液中の抗体価であり、体外での検査数値になるので、それが体の中での免疫力に直結していると判断してよいかは議論の余地があるとされています。また、免疫力にはそのときのペットの健康状態も反映されているため、抗体価検査は感染症に対する完全な免疫力を保証するものではなく、結果の解釈にはときに注意が必要です。

ワクチンの接種に関しては、若く健康なときには年1回の接種を行い、高齢や病気を抱えているときには、抗体価検査を行うことでワクチンの追加接種の必要性を判断することもできます。また過去にアレルギー反応を起こしたことのあるペットに対しても、抗体価を測定することは有効な方法の1つです。いずれの場合であっても、検査のメリットとデメリット（検査費用など）も考えた上で、かかりつけの獣医師とよく相談をして、ワクチン接種を検討してください。繰り返しになりますが、ワクチン接種はペットをさまざまな感染症から守ることができる有効な手段ですので、軽い気持ちで欠かすことなく、しっかりと検討をするようにしましょう。

フィラリア症の予防ってどういうしくみ？

●フィラリア症は寄生虫による病気

フィラリア症（犬糸状虫症）は、蚊が媒介するフィラリア（犬糸状虫）が心臓や肺の血管に寄生する病気です。フィラリアは、線虫と呼ばれる寄生虫の一種で、犬の体内と蚊の体内を行き来して一生を過ごします。近年では動物病院や各種メディアによるフィラリア症予防の啓発も積極的に行われており、飼い主の予防に対する意識も高まっているようです。実際、動物病院でもフィラリア症を発症した犬に遭遇する機会は少なくなってきたように感じています。しかし、地域によってはまだまだ感染のリスクの高い病気の1つです。屋外で飼育されているペットはもちろんですが、室内だけで生活を行うペットであっても、窓から蚊が入り込んでしまったり、人が家を出入りする際に蚊を持ち込んでしまったりする可能性があるため、完全室内飼育のペットであってもフィラリア症予防は必要です。

フィラリア症では、咳や呼吸が苦しそうな様子、お腹に水が溜まったり、痩せてきたりなど、特徴的な症状が認められますが、これは蚊の吸血の際に蚊から動物の体内に侵入したフィラリアが心臓や肺の血管に寄生し、血流の障害を起こすことが原因です。犬でフィラリア症が認められることは有名ですが、猫でもフィラリアの寄生は認められ、症状を示すことがあります。猫はフィラリアに対して抵抗性をもつため、犬と比べると感染率は低いですが、感染した場合の症状は犬よりも重く、肺に急性の炎症を起こすことが知られ、まれに突然死を起こすこともあります。また、猫でのフィラリア症の診断は犬と比較して難しく、感染を見逃してしまう可能性があるため、疑わしい場合には複数の検査を繰り返し実施することが勧められています。フィラリア症の治療については、理想はフィラリア成虫をできる限り早く駆虫することですが、現在、日本では成虫を駆虫する治療薬が販売されていません。また、フィラリアが多く寄生しているタイミングで一度に駆虫してしまうと、死亡したフィラリアが肺の血管に詰まり重篤な症状を示すことがあるため、フィラリア症は感染する前に予防を行うことが重要になります。感染後に、外科手術によって心臓や肺の血管からフィラリア成虫を取り出す方法もありますが、麻酔をかけるリスクや手術自体のリスクも高いため、予防を行うことが最善の方法になります。

●フィラリア症予防薬は幼虫の駆除薬

フィラリア症予防薬について知るためには、まず原因となる寄生虫であるフィラリアの生活環(生態)について知る必要があります。

1　蚊がフィラリアに感染している動物から血液を吸うことで、ミクロフィラリア(フィラリアの幼虫)を蚊の体内に取り込みます。

2　フィラリア幼虫が蚊の体内で感染能力をもつ

状態まで成長します（幼虫の成長には一定の気温の上昇が必要なので、感染する季節は限定されます）。

3 成長したフィラリア幼虫は、蚊が他の動物を吸血する際に動物の体の中に侵入します。

4 動物の体の中に侵入したフィラリア幼虫は、筋肉や脂肪組織の中で生活しながら成長します（皮下に侵入した幼虫は、約2カ月の時間をかけて成長し、血管内に移動します）。

5 成長したフィラリア幼虫は、血流に乗って最終的な寄生部位である心臓や肺の血管に移動します。

6 心臓や肺の血管に寄生したフィラリアは成虫になり、ミクロフィラリアを産みます。ミクロフィラリアは全身の血液中を移動し、蚊の吸血を介して他の動物に感染します。

フィラリア症予防薬として使用されている薬は、正確にはフィラリアの感染を予防する薬ではなく、感染したフィラリア幼虫を駆除する薬です。つまり、体の中に侵入して心臓や肺の血管に到達する前の段階のフィラリア幼虫を駆除する薬なので、心臓や肺の血管に到達し、成長したフィラリア成虫には効果を発揮することができません。そのため、フィラリア幼虫が体の中で成虫になるまでの間に予防薬を投与する必要があります。成虫が寄生している場合にはその寿命（3～5年）を迎えるのを待つことになるのですが、寿命を迎えるまでの間に体内でさまざまな問題を引き起こし、さまざまな治療が必要になるため、幼虫のうちに駆除することはペットの負担を軽減することにもつながります。

また、体内で一度に多くのフィラリア幼虫が駆

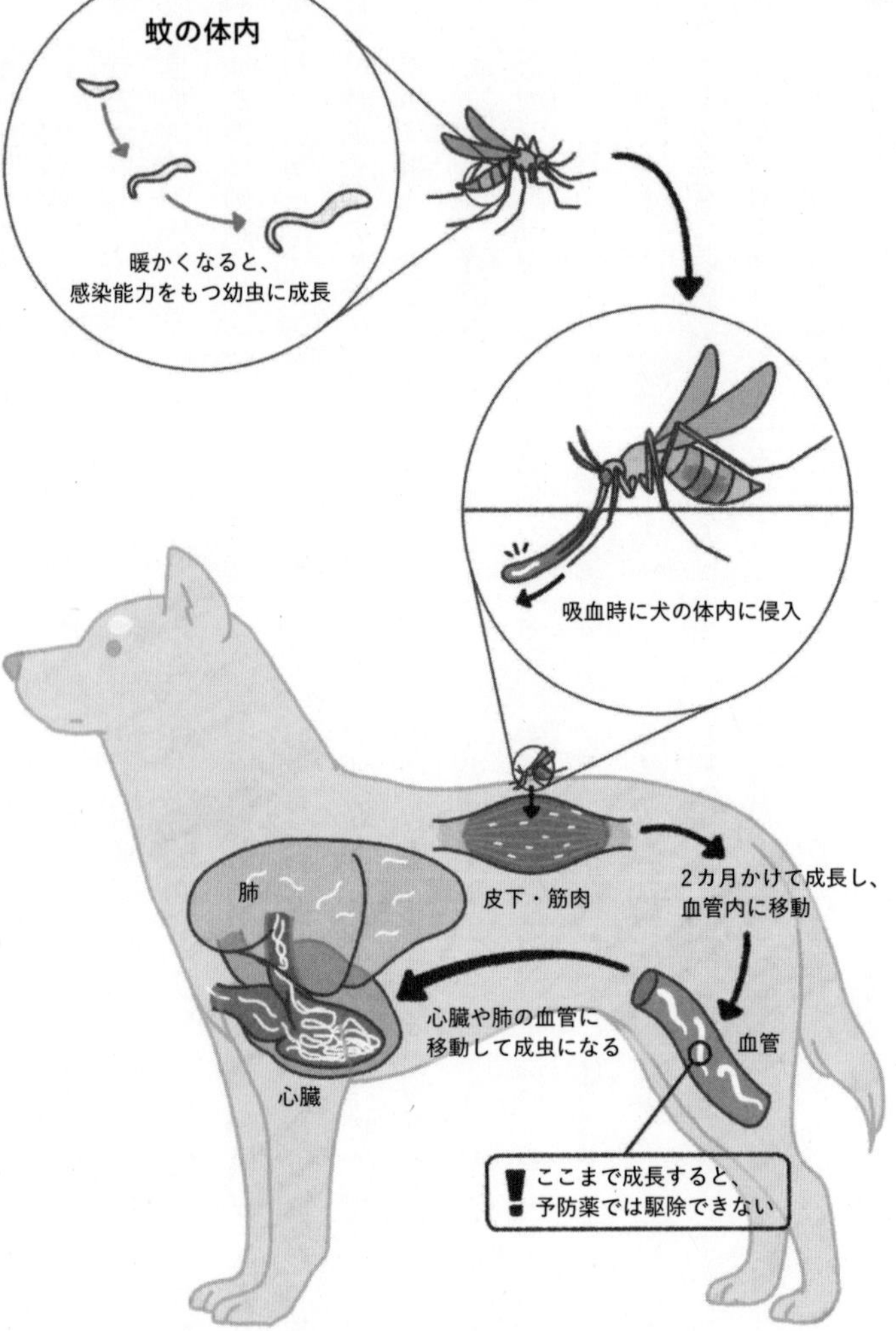
蚊の体内
暖かくなると、
感染能力をもつ幼虫に成長
吸血時に犬の体内に侵入
肺
皮下・筋肉
2カ月かけて成長し、
血管内に移動
心臓や肺の血管に
移動して成虫になる
血管
心臓
ここまで成長すると、
予防薬では駆除できない

フィラリアの生活環。犬の体内である程度成長すると予防薬では駆除できなくなる。

除（殺虫）されると、アレルギー反応を示したり、ショック症状を起こしたりして、最悪の場合は死に至ることもあります。病気の予防を行うつもりが、大切なペットに重大な症状を引き起こさないためにも、予防薬を飲みはじめる前には、必ず動物病院でフィラリアに感染していないかを検査する必要があります。検査では、採取した血液から、フィラリアに寄生しているかどうかを確認することができますので、体への負担も大きくはありません。

●毎月投薬が必要なのは予防の仕組みに関係する

フィラリア症予防薬は飲み薬の場合、月1回の投与で予防することができます。なぜ毎月投与が必要かというと、前述のとおり、フィラリア症予防薬はフィラリア成虫に対しては十分に効果を発揮せず、フィラリア幼虫の駆除だけを行う薬だからです。月1回の投薬で体内に侵入したフィラリア幼虫を成虫になる前に駆除しているわけです。

予防薬を投与する時期は、フィラリアを媒介する蚊の発生している時期に合わせます。そのため、地域によって予防を行う時期が少しずつ異なり、冬の間でも蚊が活発に活動している地域では冬の間も予防をすることがすすめられます。必要に応じて蚊の活発なシーズンに合わせた予防か、冬の間も予防を行うかを決め、1年を通した対策をとるようにしましょう。

●フィラリア症予防薬は蚊がいなくなっても投与が必要

最後に、フィラリア症予防薬を与える際に特に注意が必要なことがあります。フィラリア症予防薬は蚊がいなくなってから追加で1カ月分は与えるようにしてください。これは前述したように、フィラリア症予防薬がフィラリア成虫を駆除するものではなく、幼虫だけを駆除する薬だからです。フィラリア幼虫は蚊から吸血される際にペットの体内に侵入し、時間をかけて成虫へと成長します。蚊がいなくなったとしても、最後の予防薬を投与した後に蚊に吸血をされていれば、蚊からペットの体内にフィラリア幼虫が寄生している場合があります。そのため、蚊がいなくなってからも追加で1カ月の予防薬の投与が必要です。この最後の1回を忘れてしまうと、せっかくペットの健康を

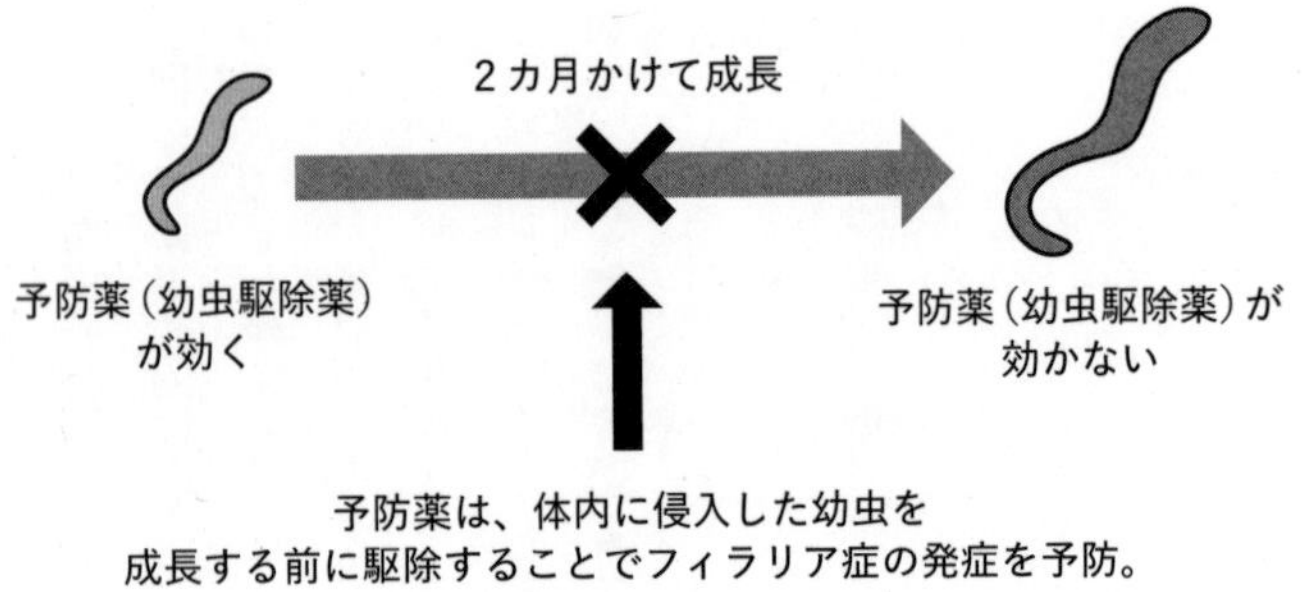

予防薬は、体内に侵入した幼虫を
成長する前に駆除することでフィラリア症の発症を予防。

思ってフィラリア症予防を行ったのに、最後の最後にフィラリア症にかかってしまうという事態になってしまいます。

実際に、動物病院で診察を行っていると、「フィラリア症予防をしているのにフィラリア症にかかってしまった！」というケースを見かけることがあります。私の経験では、そのほとんどが、途中まで予防薬を投与していたが、寒い時期になって蚊がいなくなったので投与しなくなったというケースです。動物病院の獣医師とよく相談をして、フィラリア症予防薬の飲み終わりの時期について確認するようにしましょう。フィラリア症は、適切な対処を行うことで予防することのできる病気です。

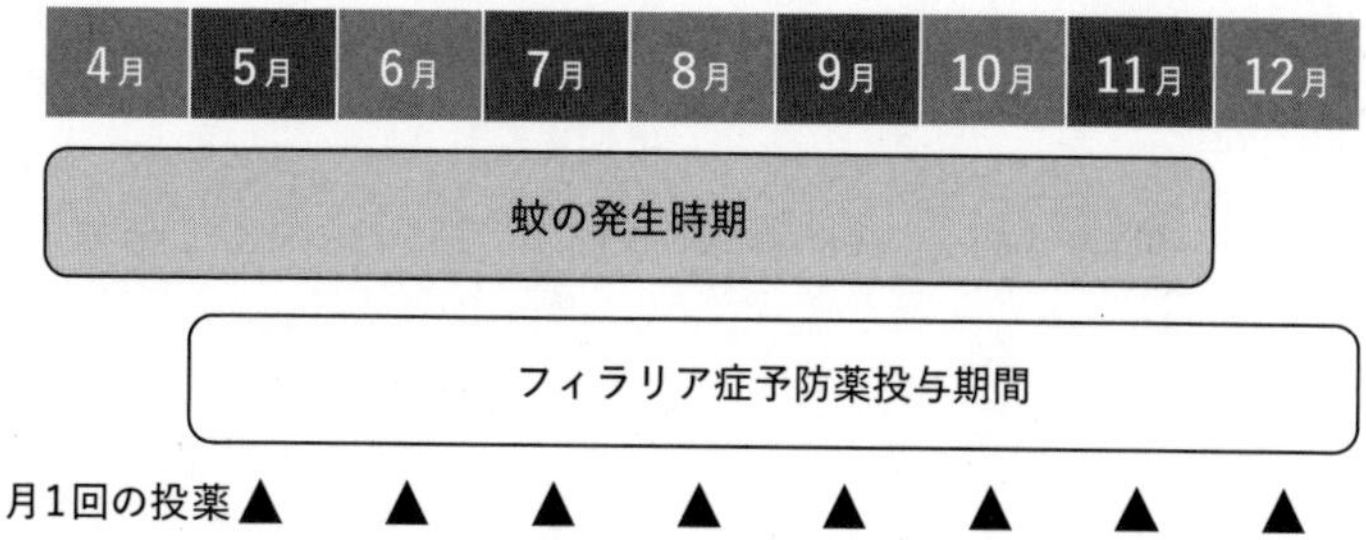

体内に残ったフィラリア幼虫を駆除するためには、蚊がいなくなってからも投薬が必要である。蚊の発生時期には地域差があるので、具体的な投薬期間は動物病院に確認しよう。

フィラリア症予防薬を飲み忘れたらどうすればいい？

●飲み忘れに気づいたら必ず動物病院に相談を

前の項で説明したように、経口投与するタイプのフィラリア症予防薬では月1回投薬を行います。蚊の吸血により体内に侵入したフィラリア幼虫は、約2カ月の時間をかけて体内で成長し、血管内に移動します。成長してしまったフィラリア幼虫には予防薬が十分に効果を発揮しないため、幼虫が成長する前の段階で予防薬を与える必要があります。フィラリア症予防薬は1カ月の間ずっと作用しているわけではなく、投与した直後のみ作用します。例えば、4月1日と5月1日に投与した場合、5月1日に投与した予防薬は4月2日から5月1日までの間に体内に入ったフィラリア幼虫を駆除していることになります。

投薬を忘れてしまった場合には、体内のフィラリア幼虫が既に予防薬が効かない段階まで成長している可能性もありますので、飼い主自身で判断せず、必ず動物病院に相談してください。投薬を忘れてしまった期間次第では、再度フィラリア検査が必要になることがあります。少しくらいなら大丈夫、という気持ちで忘れた分の予防薬を与えてしまうと、まれにではありますが、アレルギー反応やショック症状など、重篤な症状を引き起こすこともあります。また、動物病院から処方された期間は必ず投薬するようにしてください。自己判断で投薬を中止することも、フィラリアに感染する危険を高めてしまいます。

毎月の投薬を忘れない工夫として、予防薬を与える日をカレンダーに書き込んでおいたり、スマートフォンなどのアプリで管理すると忘れにくくなるかもしれません。また、投与した後にはペットが確実に予防薬を飲めたかを確認してください。口からこぼれていたり、吐き出されたりすると、せっかくの薬も効果を発揮できません。

●フィラリア症予防薬は飲み薬以外にもある

フィラリア症予防薬には飲み薬（経口薬）のタイプ以外にも、背中につけるタイプや、皮下に注射を行うタイプのものがあります。注射タイプの予防薬は一度の注射で1年間作用しますので、前述した飲み忘れや吐き出されるなどの飲み薬タイプで起こるトラブルを回避でき、薬を飲むのが苦手な場合や、飲み薬タイプの予防薬でお腹を下しやすい場合には非常に効果的です。しかし、飲み薬タイプとは異なるデメリットがありますので、選択する際には注意が必要です。

注射タイプの予防も、注射前には必ずフィラリア感染の有無の確認は必要になります。また、他の薬と同じように薬に対するアレルギーなどの反応が起こる可能性もあるため、注射前にはペットの健康状態を十分確認してから投与する必要があります。

●フィラリア症予防薬の選び方

経口薬タイプの予防薬にもさまざまな種類がありますので、経口薬にするか注射薬にするかを含めて予防薬の選び方については、動物病院の獣医師とよく相談しましょう。ノミダニ駆除薬と一緒になっているオールインワンタイプの予防薬も近年では頻繁に使用されていて、以前より予防薬の選択肢は多くなっています。

繰り返しになりますが、フィラリア症予防は予防を開始するタイミングも重要ですが、予防薬を飲み終わるタイミングが特に重要になるので、注意してください。フィラリア症は正しい予防を行うことで予防ができる病気です。大切なペットとの時間を安心して過ごしていただくためにも、正しい予防知識を身につけておきましょう。

ノミダニ駆除薬はどれを選べばいいの？

●ノミとダニの生態が駆除の時期に関係する

ノミダニの駆除について知るためには、まずその生態について知る必要があります。

ノミは1年を通して活動しますが、発育には温度と湿度が強く関係し、早ければ2週間、遅いと1年間をかけて幼虫から成虫へと成長します。そのため、6月から10月の暖かい時期に多く見られます。動物に寄生して被害をおよぼすのはネコノミがほとんどです。ネコノミという名前から猫に寄生するように思えますが、実際には猫のみならず、人や犬に加えてほとんどの哺乳類や鳥類に寄生します。蚊はメスだけが吸血するのに対して、ノミはオスもメスも吸血します。この吸血の際に、さまざまな病気を媒介することが知られています。

ダニにもさまざまな種類がいますが、ダニの駆除では主にマダニが対象になります。マダニもノミ同様に1年を通して活動が見られ、人や動物に寄生してさまざまな病気を媒介します。ペットでは散歩の際に草むらなどでマダニに寄生されるケースが多く見られます。吸血前は非常に小さく分かりにくいため、気がつかないうちに寄生されていることがほとんどです。市街地よりも郊外、都市部よりも地方で多く見られます。

●ノミダニ駆除薬にはさまざまな種類がある

ノミダニ駆除薬には経口薬タイプと、スポットオンタイプと呼ばれる背中につけるタイプがあります。いずれのタイプも多くの製薬メーカーから製品化されており、効果の範囲や、期間などが異なりますので、それぞれの特徴を理解して自分のペットに最適なものを決めていく必要があります。

●予防薬・駆除薬の選択肢は増えている

前述の経口薬タイプと、スポットオンタイプの他、フィラリア症予防とノミダニ駆除が一緒にできるオールインワン製剤など年々新しい製品も出

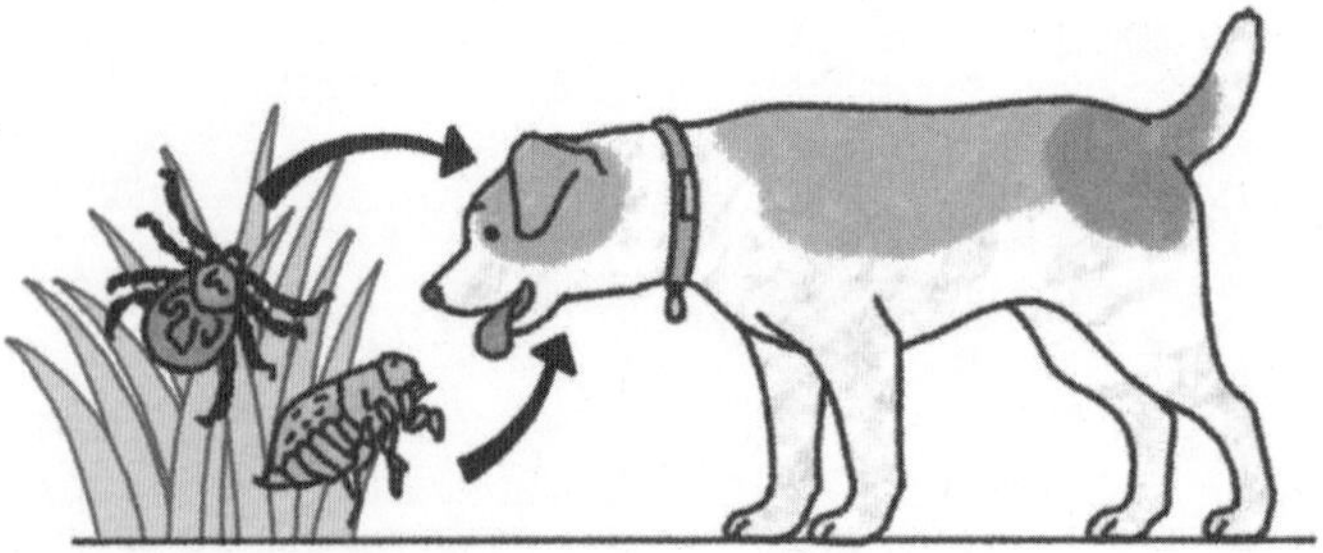

ノミやマダニには野外で散歩などの際に寄生されることが多い。

てきており、飼い主の選択肢は増える一方です。その中で、飼い主がペットにどのようなタイプの駆除薬を使うかを決めるための参考になるよう、それぞれの薬の特徴を見ていきましょう。

まず経口薬タイプですが、錠剤タイプやおやつタイプ（チューイングタイプ）のものなどさまざまな種類があります。薬を飲むことが難しくない場合であれば、最も一般的な薬の投与方法です。また、近年発売されている経口薬タイプの予防薬は、嗜好性が高く、ペットがよろこんで口にしてくれます。しかし、薬を飲むのが苦手な場合は、そもそも与えることが難しかったり、飼い主が気づかない間にこっそり吐き出してしまうこともあります。また、食物アレルギーがある場合にはおやつタイプの薬に含まれる添加物に反応することがありますので、獣医師に相談しましょう。また、コリー犬種（ボーダー・コリー、シェットランド・シープドッグ、ジャーマン・シェパード・ドッグなどの犬種）では、MDR1という遺伝子に変異があることで、フィラリア症予防薬に含まれるミルベマイシンやイベルメクチンといった薬剤の成分に体質的に弱く、副反応が認められやすくなる個体がいることが知られています。コリー犬種の全ての犬で、この遺伝子に変異が起きているわけではないですが、投与後のペットの体調の変化には注意してください。また、別の成分の予防薬を使用するか、遺伝子検査により変異の有無を確認しておくことで、より安心して予防薬を使用することもできますので、気になる場合には獣医師に相談をしてみてください。

	経口薬タイプ	スポットオンタイプ
メリット	しっかり飲めたかを確認できる 投薬後にシャンプーなどの制限がない	投薬が簡単である
デメリット	薬を飲ませる手間がかかる こっそり吐き出している可能性もある	スポットして1日以内に体が濡れると効果がなくなるので、シャンプーなどの制限がある スポットした部位を気にして掻いたり舐めたりすることがある 過去に外用薬で皮膚炎を起こしたことがある場合には注意が必要（特にアレルギー性皮膚炎の持病がある場合）

●便利な予防薬が新しく登場している

以前は、フィラリア症予防とノミダニ駆除は別々で行う必要がありましたが、前述のとおり、近年では全てを1つの薬剤で行うことができ、薬を与える手間や、与えたかどうか分からなくなってしまう、予防・駆除時期を間違えてしまうといった困りごとを解決する非常に便利な予防薬が登場しています。このようなオールインワン製剤の薬は、年々種類が増えており、多くの飼い主に選ばれています。

経口薬タイプのノミダニ駆除薬の中には、1度の投与で1カ月間の効果を示すものがほとんどですが、1度の投与で3カ月間効果を示すものも出てきています。このタイプの駆除薬と、1年間効果が持続する注射タイプのフィラリア症予防薬を組み合わせて使用することで、年間の投薬回数を大きく減らすこともできます。一方、スポットオンタイプのノミダニ駆除薬は、毎月の投与が必要にはなりますが、経口薬が苦手なペットでも確実に投与ができるというメリットがあります。また、一部ですがスポットオンタイプの薬にもフィラリア症予防薬を含んだものが存在します。

このように、選択肢が多くなるにつれてどれを選べばよいか迷うこともあるでしょう。そんなときは、どのような投薬方法が自分のペットに適しているのか、投薬スケジュールを管理できる方法はどれか、飼い主自身が一番メリットを感じられるものを選んでいただけたらと思います。

ノミダニ駆除、しなくても大丈夫？

●ノミダニは家の中で増えることもある

普段ノミやマダニを見かけないから、駆除の必要はないと考える方がいますが、ノミやマダニは人とペットの生活圏の近くに常に存在しています。ペットの散歩中だけでなく、人が家の中に持ち込んでしまったのが気付かないうちに家で繁殖していることもあります。ノミやマダニは山間部や草むらの中だけでなく、都内の公園などにも生息しています。非常に小さく見つけることが難しいため、気がつかないうちに服や靴についた状態で家の中に運び込んでしまい、家の中で繁殖してしまうことがあります。一度部屋の中で繁殖してしまうと、全てを駆除することは非常に困難です。そういった理由から、家の中で感染することもあるため、完全に室内で生活しているペットであっても対策は必要です。また、ノミやマダニは春から秋にかけて活発に活動しますが、冬でも発生がなくなるわけではないので、1年を通した対策が必要になります。実際に動物病院で診察をしていると、飼い主が対策をしている春から秋にかけては診察でノミやマダニを見かけることが少ないのに対し、駆除を行わなくなった冬場に、「ペットの体にイボみたいなものができた」などといって受診する飼い主が多いように感じます。

●ノミダニの害は吸血だけではない

ノミやダニについて、吸血をする怖い虫という認識の方が多いかと思いますが、実は吸血だけではなく、さまざまな病気を媒介することも知られています。

ノミは人や犬猫のお腹の中に寄生する瓜実条虫を媒介するほか、動物と人に感染するさまざまな人獣共通感染症を媒介するので、注意が必要です。

マダニも同様に、複数の人獣共通感染症を媒介することが知られ、とりわけ、SFTS（重症熱性血小板減少症候群）という感染症が近年問題視されています。SFTSはマダニによって媒介されるウイルス性感染症で、日本国内でも、感染者

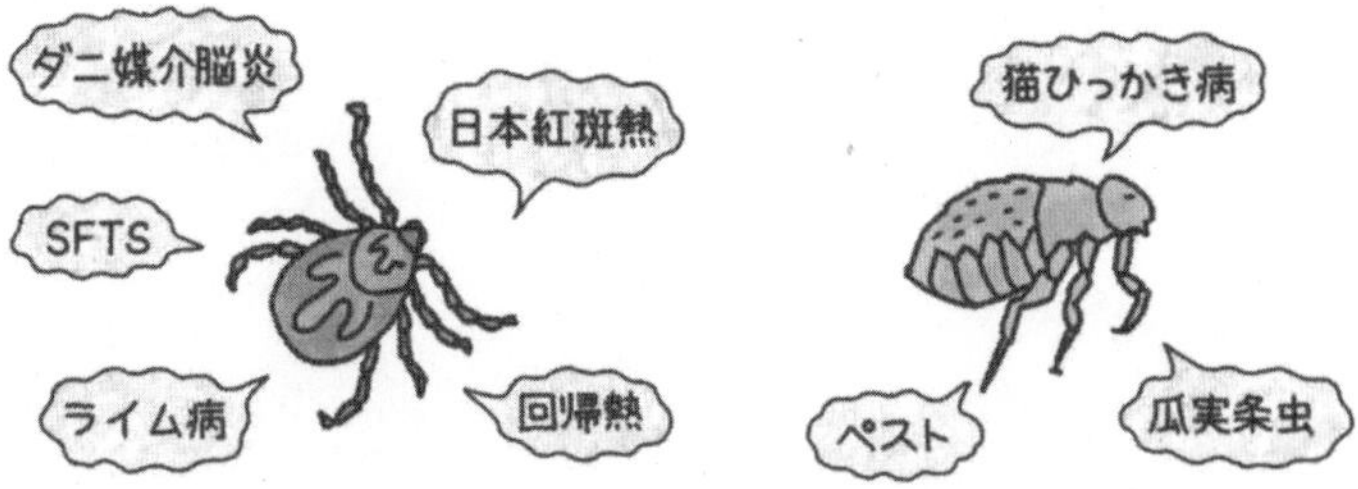

ノミやダニは吸血をするだけでなく、さまざまな感染症を媒介する。

が死亡した報告も出てきています。その感染者数は年々増加傾向にあるため、今後も特に注意が必要な病気の1つです。全てのマダニがSFTSウイルスをもっているわけではありませんが、SFTSウイルスを保有するマダニは西日本を中心に国内に徐々に広がっており、関東地方や北海道でも存在が確認されています。つまり、日本全国どこで感染してもおかしくない状況だといえます。飼い主自身や大切なペットをこのような重大な病気から守るためにも、適切なノミダニ駆除を必ず行うようにしましょう。

他の子と違う予防薬を処方されるのはなぜ？

●動物病院での処方は個体ごとに異なる

フィラリア症予防薬・ノミダニ駆除薬を動物病院で処方される際に、お友達のペットと薬のサイズが違ったり、与える期間・時期が異なっていたりすることもあるかと思います。前の項でも説明したように、予防薬は与え方、対象とする病気・寄生虫の種類、作用の持続期間などの違いでさまざまな種類に分けられており、動物病院では動物の体重、性格、アレルギーなどを考慮してそれぞれに合わせた処方を行います。

●体重が変わると、必要な薬の量も変わる

経口薬タイプの薬では体重ごとに与える量（薬のサイズ）が決まっています。それぞれの製品で使用できる体重が決まっており、体重にあったサイズのものが動物病院で処方されます。使用できる下限の体重が異なっていることも注意が必要です。

例えば、1歳齢未満の成長期や、ダイエットを行っている最中の動物では、飲みはじめの時期と飲み終わりの時期で体重が大きく異なることもあります。その場合には、途中で薬のサイズを変更

しなければなりません。そのため、ダイエットなどの事情は獣医師にしっかりと伝え、処方された予防薬がどの体重で使用できるのかをよく把握するようにしてください。特に成長期の動物は、1年分まとめて処方してもらうのではなく、毎月動物病院で体重を測定して処方してもらうことをおすすめします。万が一、体重が増減して予防薬のサイズが変わるようであれば、動物病院に相談して、適正なサイズの薬と交換してもらうようにしましょう。体重に合わない予防薬を使用することは、用量が足りず十分に薬の効果を発揮できないだけではなく、反対に用量が多くなってしまい副反応が生じる可能性もあるため、必ず注意してください。背中につけるタイプの製剤、注射タイプの製剤、フィラリア症予防・ノミダニ駆除が一緒になったオールインワン製剤でも同じように、体重に合わせて薬の量が決まっているので、同じく注意が必要です。

それぞれのタイプの製剤の特徴を理解し、自分のペットに使用しやすいもの、そして体重が多少変化しても問題ないものを選びましょう。

動物病院ではそれぞれの体重や生活環境などさまざまな要因を考慮して予防薬を処方している。

海外と日本で予防薬の扱い方が違うって本当？

●薬の取り扱いに関する法律は海外と日本で異なる

飼い主が動物用医薬品を入手する場合、通常は動物病院で診察を受ける必要があります。これは、日本の法律によって決められています。フィラリア症予防薬や、その他の要指示医薬品といった処方箋を必要とする薬がこれに該当します。しかし、海外では事情が異なり、これらの薬が薬局やペットショップなどで販売されていることがあります。また、日本国内では未承認の薬が海外で市販されているケースも見受けられます。

しかし、医薬品の取り扱いに関して定めている薬機法では、個人輸入が認められており、個人で使用する場合に限り、これらの薬を海外から取り寄せることができます。また、個人輸入代行業者なども存在し、日本では処方箋が必要な薬や未承認の薬も個人で入手することができます。あくまでも個人の使用に限られるものであり、場合によっては、うっかり法律に抵触してしまったなんてこともあるかもしれません。

ペット用の医薬品の個人輸入については農林水産省が管轄しており、各種の手続きについて定めています（131頁の図を参照）。農林水産省は、個人輸入を考える際には、偽造品である可能性、重大な副作用の可能性、購入先とのトラブルになる可能性、輸入時に通関トラブルになる可能性、などのリスクについても注意喚起を促しています。また日本獣医師会をはじめ、各地の獣医師会も、動物用医薬品を個人輸入して使用する際のリスクについて注意喚起を促しています。

海外で市販されているペット用の薬を魅力的に紹介しているサイトも多く存在しますが、個人輸入での使用を考えるのであれば、獣医師に相談し、本当に必要か、リスクを正しく認識しているか、慎重に判断をする必要があります。

どの予防を行うかは自分で選べる？

●行う予防の種類は自分で選択する必要がある

これまで解説してきたように、動物病院で受けられる予防は多岐に渡り、飼い主自身がそれぞれの特徴を理解した上で、どの予防を受けるかを選択する必要があります。

ただし、犬の狂犬病予防接種だけは、狂犬病予防法で義務として定められています。そのため、受けるかどうかを飼い主が選択することはできず、必ず予防接種を受けなければいけませんので、特に注意が必要です。混合ワクチンの接種、フィラリア症予防、ノミダニ駆除については、それぞれの必要性に応じて選ぶことができます。

●混合ワクチンは生活スタイルなども考えて選択することが必要

お住まいの地域が都市部か郊外か、レジャーでキャンプ場などによく出かけるかなどの生活スタイルによっても推奨される混合ワクチンの種類は変わります。予防する病気の数が多いほどよいとは限りませんので、自分のペットにとって最適なワクチンがどれなのか、動物病院で相談して選択するようにしましょう。

●フィラリア症予防の期間は地域ごとに異なる

フィラリア症に関しては、蚊の発生するシーズンに合わせて予防を行う必要があります。お住まいの地域によって予防の時期に差があるため、予防が何月から始まり、飲み終わりが何月になるかは動物病院でしっかりと確認しましょう。予防をはじめる前には、必ずフィラリアに感染していないかを検査する必要があります。また、飲み終わりの時期に関しても注意が必要で、うっかり飲み忘れてしまうと今までのフィラリア症予防が全て無駄になる可能性もあります。フィラリア症予防の製剤にはさまざまなタイプがありますので、それぞれの特徴を理解した上で使用しやすい製剤を選択しましょう（68頁の項も参照）。近年では、

動物病院でフィラリア症予防薬の時期を決める際に相談すべきこと

- □家の周りで冬でも蚊を見かけることがある
- □春や秋に暖かい地域に旅行に行くことがある
- □引っ越しの予定がある
- □家の周りや散歩コースに、田んぼや公園、河川敷がある

当てはまる項目がある場合は、動物病院に伝えましょう。

冬の間でも暖かい時期が続くこともあるので、1年を通したフィラリア症予防も検討してもよいかもしれません。

●ノミダニ駆除は室内飼育でも必要

ノミダニ駆除に関しては、散歩によく出かける場合はもちろんですが、完全室内飼育のペットでも、人が家の中に持ち込んだノミやマダニに感染するケースも考えられるため必要になります。山間部などノミダニに寄生される可能性が高い地域ではより対策を行う必然性があります。ノミダニはフィラリアと違って1年を通して感染する危険性があり、通年の駆除がすすめられます。ノミダニ駆除薬にも飲むタイプと背中につけるタイプの製剤がありますので、使用しやすいものを選んでください。ノミダニ駆除とフィラリア症予防が一緒になった、オールインワン製剤もあり、一度にまとめて簡単に予防・管理を行うこともできます。

このように、それぞれのペットで何の予防を行うのか、どの薬を使用するのか、いつまで使用するのかなど変わってくるため、生活環境に合わせた予防方法を考える必要があります。せっかく行う予防が、時期を間違えていたり、十分な予防効果が認められないなどといったことは避けたいものです。かかりつけの獣医師とよく相談していただき、ペットにとって安全な予防スケジュールを検討してください。

室内飼育なら予防はいらない？

●室内飼育でも感染の可能性は0ではない

庭で飼育していたり散歩などで野外に出かける場合はもちろんですが、完全に室内のみで生活をしていても、予防は必要になります。動物病院で診療をしていると「うちの子は外に出ないから予防は必要ない」というようなことをいわれることがあるのですが、フィラリアやノミダニの感染経路を考えると、完全室内飼育であっても感染の可能性は0ではありません。

●フィラリア症を媒介する蚊は室内にも入り込む

フィラリア症の場合、64頁の図のように、犬や猫への感染には蚊による吸血が関係します。蚊は野外に存在するだけでなく、窓から侵入したり人の出入りに合わせて室内にも入り込み、室内飼育のペットを吸血することがあります。私たちも家の中で生活をしている際に、気がつかないうちに蚊に刺されてしまった、という事は珍しくありません。つまり、室内飼育であったとしても蚊に刺されてフィラリアに感染する機会はあるため、フィラリア症に対する予防は必要になってきます。

●ノミやダニにも室内で寄生されることがある

ノミやダニも、ペットが屋外に出なかったとしても寄生してしまうリスクはあります。例えば、人が外から持ち込んでしまうケースです。屋外、特にレジャーで自然豊かな場所に出かけた際に、靴やズボンの裾、カバンや持ち物などについたノミやダニを室内に持ち込んでしまうことは頻繁にあります。特に小さなお子さんがいる家庭では、草むらで遊ばせていたらノミやダニが服についてしまうことがあるので、注意が必要です。

室内飼育のペットも、室内とはいっても玄関まで自由に行動できる場合などは特にノミやダニに寄生される機会は多くなります。また、ノミやダ

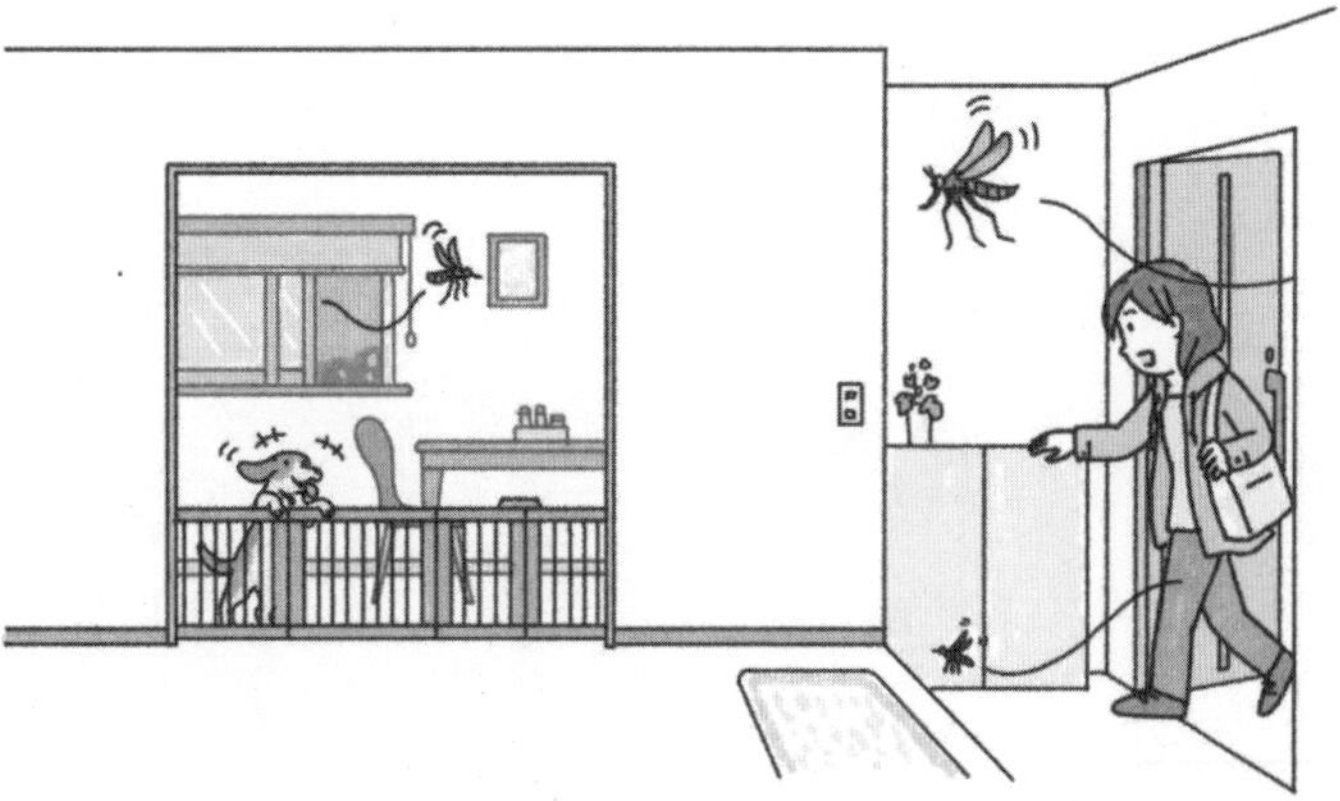

完全室内飼育であっても、感染のリスクが0になるわけではない。

ニが一度室内に侵入してしまうと、室内は温度や湿度が外の環境に比べて安定しているため、絨毯やソファーなどに隠れて繁殖してしまい、そこから感染することもあります。一度繁殖してしまったものを全て駆除することは非常に難しく、駆除しきれずに再度増えてしまう可能性もあります。そのため、室内飼育のペットであっても、ノミダニ駆除はしっかり行った方がよいでしょう。

●万が一のときに困ることも

　このように、室内飼育であってもフィラリア症予防、ノミダニ駆除は必要になります。たしかに散歩によく出かける場合に比べるとリスクは低いですが、室内でも感染するリスクが十分にあります。大切なペットを重大な病気から守るためにも、室内飼育であったとしても予防を徹底するように

ノミやダニは室内に潜んでいることも多いので、
室内飼育だからといって駆除を怠ってはいけない。

しましょう。

また、完全室内飼育であったとしても、休日にお出かけをしたり、ドッグランに遊びに行くなどして、他の動物と触れ合う機会があるかも知れません。急な用事などでペットホテルに預けなければいけないケースも考えられます。近年では、予期せぬ地震などの災害時に、一時的に避難所で生活をすることも考えられます。そのような場面では、他の動物と接することも十分にありえるので、万が一に備えて予防を行うことは大切であるといえます。

第3章

治療薬のこと

副作用？副効果？ってどういう意味？

●1つの薬は複数の作用を引き起こす

薬は病気を治すために投与しますが、病気を治す以外にもさまざまな作用を引き起こすことがあります。

薬の作用のうち、病気を治すものを主作用と呼びます。抗炎症薬は炎症を抑える作用が、鎮咳薬は咳を止める作用が主作用ということになります。しかし、多くの薬では引き起こされる作用が1つだけではないため、目的の主作用とは異なる作用（効果）が現れます。例えば、風邪薬によく配合されている抗ヒスタミン剤という成分は、くしゃみや鼻水を抑えるという主作用の他に、眠気を生じる作用も生じます。このような期待していない作用を、主作用に対して副作用（副効果）と呼びます。

●副作用は悪いことだけではない

副作用と聞くと、よくない現象を思い浮かべる方が多いかもしれませんが、必ずしも副作用＝体に悪い作用、というわけではありません。風邪薬の例でも、副作用の眠気は身体に害をおよぼすわけではありません。また、ビタミン剤の服用で尿の色が変化したり、ステロイド系抗炎症薬や利尿薬の服用を続けていると飲水量が増えることがあり、このような作用も広い意味で副作用といえますが、健康に問題をおよぼすケースは少ないでしょう。

一般的にイメージされる副作用とは、「好ましくない作用」、あるいは「健康を害する作用」ですが、このような作用は学術的には「有害作用」という呼び方で扱われます。薬の副作用が有害作用にあたるかどうかは健康状態や生活環境によっても変化することがあるので、注意しなければなりません。

●副作用が起こる仕組み

薬を投与したときに副作用（ここでは有害作用として話を続けます）が起こることがありますが、副作用が発生するにはいくつかの要因があります。最も一般的な要因は投与量です。通常、最小量かそれに近い量で現れるのが主作用で、それよりも多く投与して初めて発現するのが副作用です。ですから、処方された薬を何回分かまとめて投与すれば副作用が現れる可能性が高くなります。

薬の作用

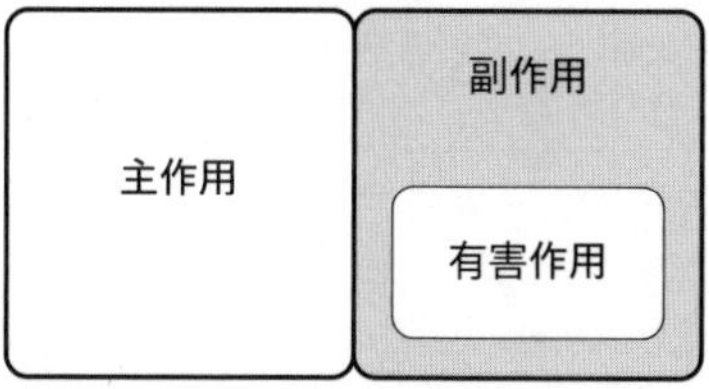

薬の作用は主作用と副作用に分類される。
副作用のうちの一部が有害作用である。

●年齢と副作用の関係

投与する薬の量に加えて、副作用が起こる要因の1つとして肝臓と腎臓の機能が関係します。薬は基本的に肝臓で代謝され、腎臓で尿中に排泄されます。幼若な動物（特に新生子）では肝臓で薬の代謝に関係する酵素がまだ十分でなく、肝臓での薬の代謝が遅くなります。そのため、大人の動物と同じ量を投与すると副作用が起きやすいと予想されます。一方、老齢の動物では肝臓と腎臓の機能が低下してくるので、若い動物と同じ量を投与すると肝臓での薬の代謝も十分にできず、さらに腎臓からの排泄機能も衰えるので体内に残る薬の量が多くなり、副作用が起こるリスクが上がります。肝臓や腎臓に病気をもった動物においても老齢の動物と同じようなことが薬の代謝・排泄で起こることが予想されますので、副作用が起こらないように注意して薬用量が調整されています。

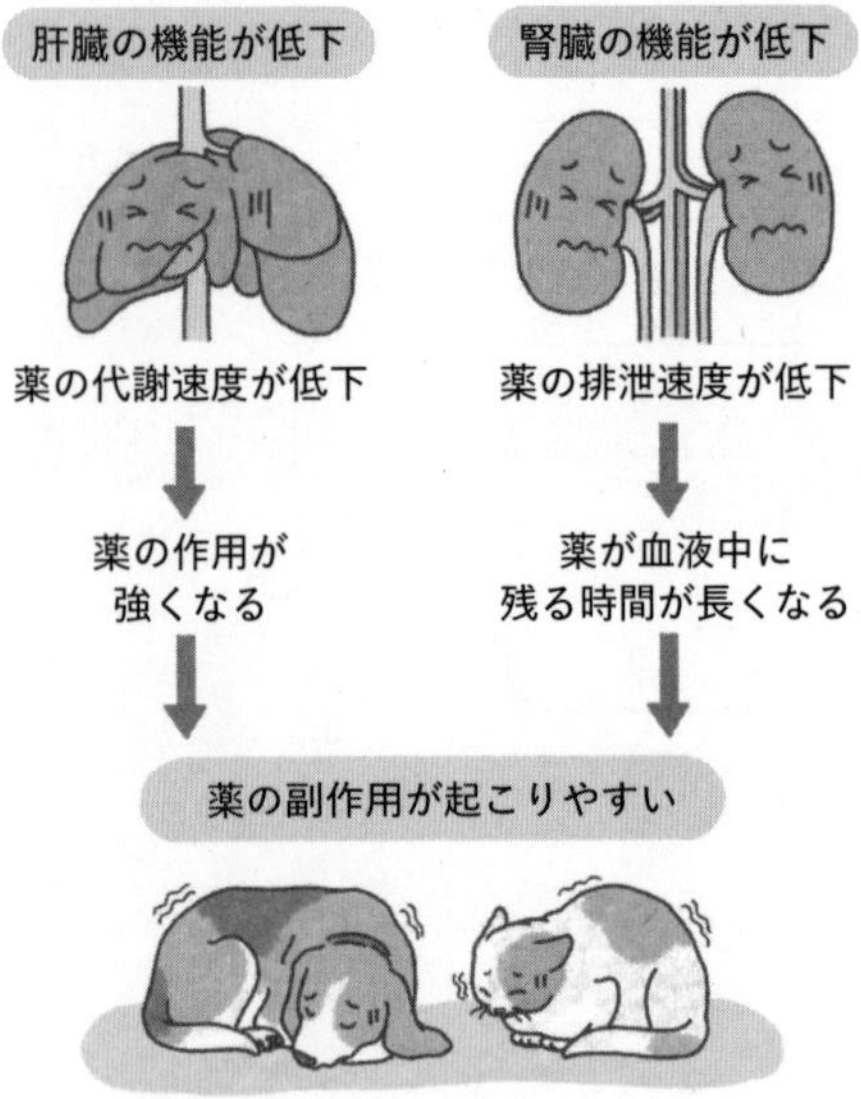
肝臓の機能が低下
薬の代謝速度が低下
薬の作用が強くなる
腎臓の機能が低下
薬の排泄速度が低下
薬が血液中に残る時間が長くなる
薬の副作用が起こりやすい

●飲み合わせにも注意

副作用が起こる要因としては他にも、薬の飲み合わせがあります。2種類以上の薬を併用すると、肝臓において一方の薬（仮に薬Aとします）がもう一方の薬（薬Bとします）を代謝する酵素のはたらきを邪魔することがあります。その場合、薬Bは単独で投与したときよりも代謝される量が減るので、繰り返し投与した場合、体内に残る薬Bの量が多くなり、副作用が起きやすくなります。

このような薬の飲み合わせによる副作用が発生しないようにするために、人では薬剤師がおくすり手帳を通して薬の飲み合わせについて確認しています。犬や猫の場合は、人で副作用を起こすような薬の飲み合わせでも、ほとんど問題が起きない場合が多いとされていますが、複数の動物病院で薬を処方された場合は、念のために獣医師によく確認しておくとよいでしょう。

●副作用には種差・個体差が関係する

副作用が起こるもう1つの要因としては種差・個体差があります。人で使われている医薬品はペットにも多く使用されていますが、ときにペットに使えない薬もあります。例えば、解熱鎮痛薬の1つであるアセトアミノフェン（商品名：カロナール）ですが、猫では赤血球のはたらきに異常を示すので使用はできません。また、犬のフィラリア症予防薬であるイベルメクチンは、一部の犬種（コリー、シェットランド・シープドッグ、オーストラリアン・シェパードなど）ではけいれんなど、神経に異常をきたす可能性があることが知られています。

●副作用を減らすためには

薬の副作用（有害作用）を起こさないためにはどうすればよいのか、と質問する方がいますが、副作用の発現を避けるためには、動物病院で処方された薬を説明された通りに規則正しく投与するのが一番です。大切なペットのために、薬は正しく定期的に投与しましょう。また、副作用が起こる要因には肝臓と腎臓のはたらきが関係することを説明しましたが、副作用のリスクを減らすためには動物病院で定期的に健康診断を受け、肝臓と腎臓の状態を飼い主が把握しておくことをおすすめします。

定期的な健康診断は、病気の発見だけでなく、体の状態を把握するためでもある。

処方される薬は動物病院によって違う?

●処方される薬は動物病院ごとに決まる

飼い主の皆さんの中には1件目の動物病院で診察・治療を受けたペットの病気がすぐには改善せず、別の動物病院を受診したという経験のある方も多いかと思います。また、かかりつけの動物病院から紹介されて検査機器の充実した大きな動物病院を受診したという方もいるのではないでしょうか。そのようなケースで、1件目の動物病院と2件目の動物病院で処方された薬が違ったことを不安に感じた方も多いのではないかと思います。

●処方が異なる理由は2つある

処方された薬が動物病院によって違う理由は大きく2つの場合に分けられます。1つ目は、動物病院で処方された薬が、主成分（有効成分）は同じであるが別の製薬会社の薬である場合です。例えば、抗菌薬の1つにアモキシシリンという薬があり、膀胱炎や皮膚の感染症などの細菌による病気に使用されます。アモキシシリンを含む医薬品、特に錠剤にはパセトシン、サワシリンなどの人用医薬品、アモキクリア、クラバセプチンなどの動物用医薬品などがあり、商品名や錠剤の色、形状が異なります（ペットにおける人用医薬品の使用に関しては109頁の項を参照）。つまり、主成分は同じでも、各動物病院で取り扱っている商品名が異なることによって、処方された薬が違うように感じるわけです。同様のことは主成分の作用がほぼ同じような類似薬を処方された場合にもありえます。

2つ目は、病気に対して動物病院（獣医師）ごとに診断・治療の方針が異なる場合です。例えば、「嘔吐」は犬や猫ではよく見られる症状ですが、過食、早食、アレルギー、ストレス、異物食、胃腸の炎症、感染症、中毒、膵臓や肝臓や腎臓などの臓器の機能異常、胃腸の閉塞など、軽症のものから命にかかわるものまでさまざまな原因で起こります。通常、飼い主が検査を望まなければ、急な嘔吐は症状が軽度のときやペットに元気・食

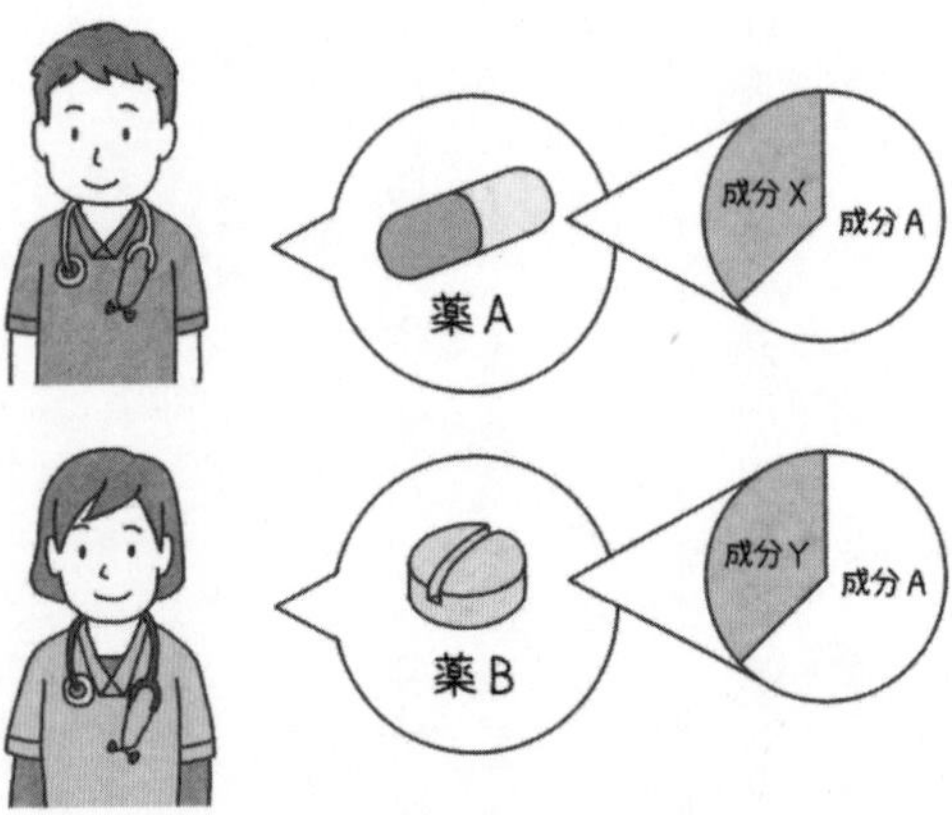

違う名前の薬でも、主成分が同じであることもある。

欲がある場合には獣医師は詳しい検査を行わず、胃酸分泌を抑える薬や消化器の運動を刺激する薬を注射し、同じ作用の飲み薬を処方して1～2日程度様子を見るよう指示することが多いと思います。薬を投与し続けても症状が改善しないときは、病気の原因を調べるために血液検査やX線検査、場合によってはCT検査や内視鏡検査などによる詳細な検査を行います。このようなさまざまな検査を重ねることで徐々に原因を明らかにしていきます。CTや内視鏡などの検査装置は普通の動物病院にはありませんから、かかりつけの動物病院の獣医師は、必要に応じて検査機器のある動物病院を紹介します。紹介先の動物病院での検査で嘔吐の原因が特定できた場合は、その原因を治療するための薬が処方されます。しかし、検査を重ねても明らかな原因が特定できない場合もありますので、そのようなケースでは、より効果の強い胃酸分泌を抑える薬や消化器の運動を刺激する薬が治療に使用されます。他の症状を示す病気でも同じですが、このように詳しい検査を重ねることによって病気の診断・治療の方針が決まるため、動物病院ごとに治療に使われる薬が違ってくるわけです。

人と違ってペットは公的保険がない自由診療なので、獣医師が医薬品を使う際の自由度は医師よりも高いといえます。そのため、獣医師は自分の診断に合わせて薬を臨機応変に処方できるのです。ですので、他の動物病院と処方された薬が違っていても不安になる必要はありませんが、どうしても気になるようでしたら、獣医師に確認するようにしましょう。

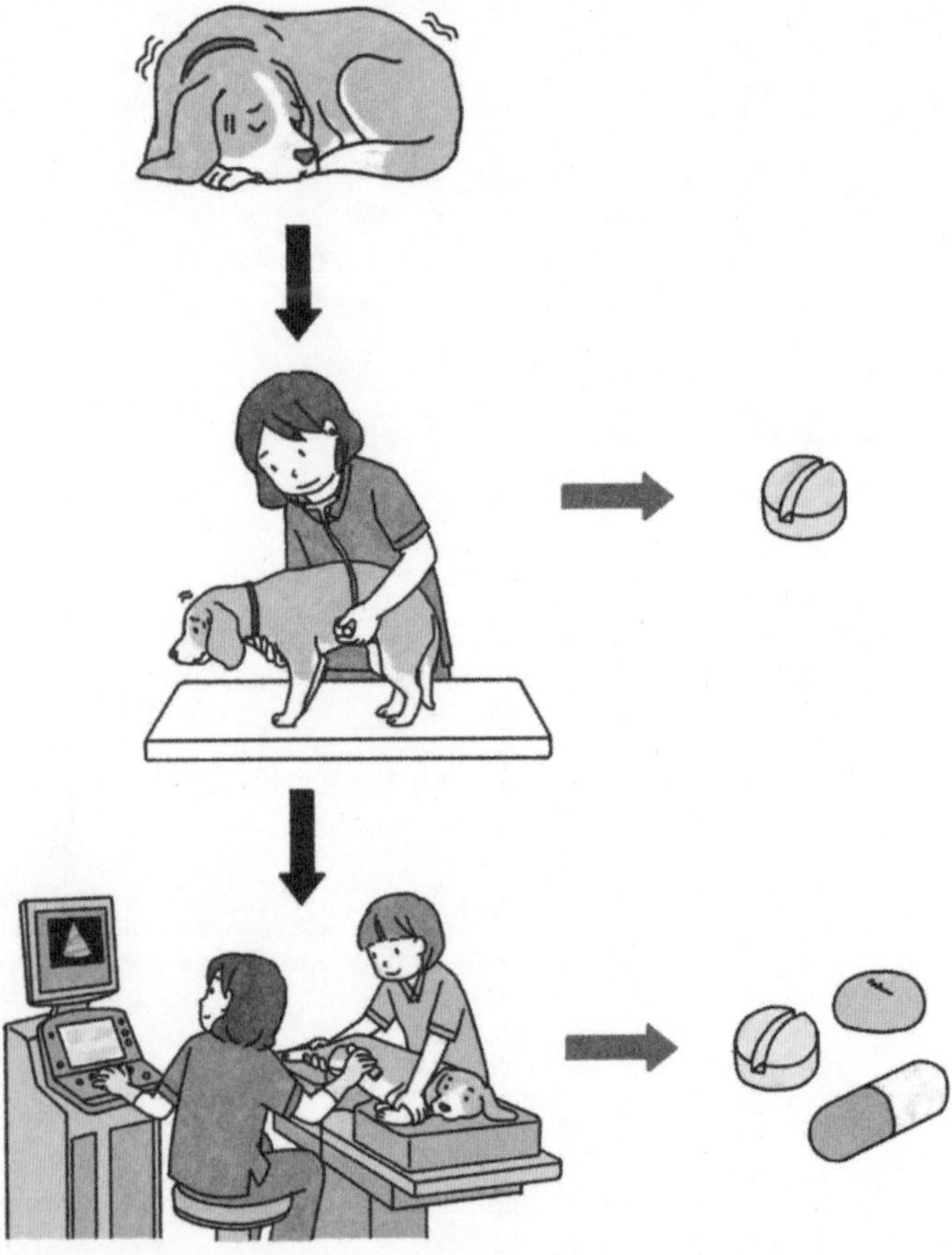

まずは簡単な検査で仮の診断を下して処方し、治らなければより詳しい検査を行って具体的な診断と処方を行うこともある。

前に処方された薬を使っても大丈夫？

●処方される薬には使用期限が書かれていない

食品に賞味期限があるように、医薬品にも使用期限があります。飼い主の皆さんがドラッグストアや薬局などで自身のために買う薬には必ず使用期限が書いてあります。しかし、病院で処方を受けて調剤薬局で受け取る薬には使用期限が書いていないこともあります。

通常、薬局で受け取った錠剤やカプセル剤はPTP包装シートというプラスチックとアルミで挟んだシート状のもので包装されています。このシートは薬を空気中の湿気や紫外線などによる変質から防ぎ、薬を清潔な状態に保ちます。また、薬の破損を防ぐ効果もあります。そのため、薬は通常、製造日から数年は使用可能です。しかし処方された薬は、処方された日数で使い切ることを前提にしているので、使用期限が書いていません。

動物病院においても、治療のために処方した薬（特に経口薬）の使用期限を何かに書いたり、口頭で伝えることはありません。また、動物病院で処方される薬はPTP包装シートに入っておらずチャック付のビニール袋や分包紙に入れられていることも多く、包装シートに入った薬に比べて物理的、化学的に安定した状態とはいえません。そのため、処方されてから数カ月、数年経過した薬が十分な効果を発揮するかどうか、また化学的に安全かどうかは保証できません。したがって、以前に動物病院から処方された薬は使うべきではありません。

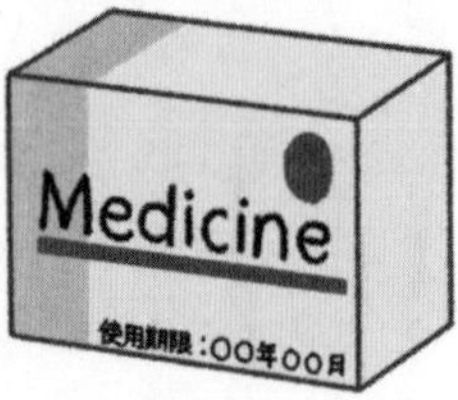

市販薬
効果と安全性が保証される使用期限が記載されている。

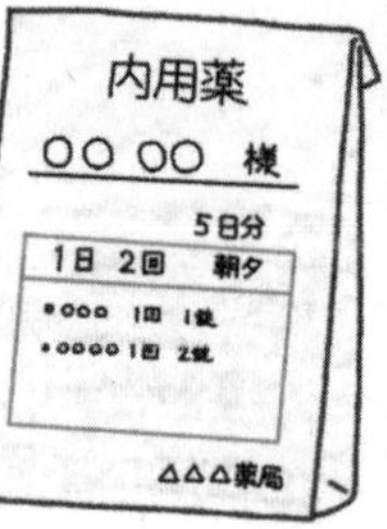

処方薬
処方された時点で使用頻度、使用期間が決まっているので、使用期限は記載されない。

●同じ症状でも同じ薬で治るとは限らない

動物病院から以前もらった薬を使うべきではない最大の理由は、症状が同じでも、病気の原因が同じとは限らないからです。例えば、前の項でも説明した嘔吐では、さまざまな原因が考えられます。以前に嘔吐の症状で動物病院から受け取った薬が、胃酸分泌を抑える薬や消化器の運動を刺激する薬で、今回も過食や軽度な炎症などが原因であれば同じ薬で治る可能性は高いでしょう。しかし、原因が肝臓や腎臓などの臓器の機能異常であったり、胃腸の閉塞などの場合には、先の2種類の薬では効果は期待できませんし、原因を急いで取り除かないと命にかかわるケースもあります。

別の例をみてみましょう。ペットが膀胱炎になると動物病院からよく抗菌薬を処方されます。膀胱炎の最も分かりやすい症状に頻尿がありますが、頻尿が改善すると、一部の飼い主は薬の投与を止めてしまいます。しかし、頻尿の症状がなくなっても膀胱炎の原因である病原菌がしばらくは残っているので、抗菌薬の投与を中途半端に止めると膀胱炎が再発することがあります。膀胱炎が再発したときには、治療のためにまた抗菌薬の投与を再開しますが、再発時の原因となっている病原菌は以前投与した薬剤に耐性をもっている可能性があるため、再発時に前回の治療時に使った抗菌薬と同じものが効くとは限りません。

同じ症状でも、同じ病気とは限らず、また同じ病気であっても同じ薬が効くとも限りません。大切なペットの病気は動物病院で獣医師に診断してもらい、適切な薬を処方してもらいましょう。

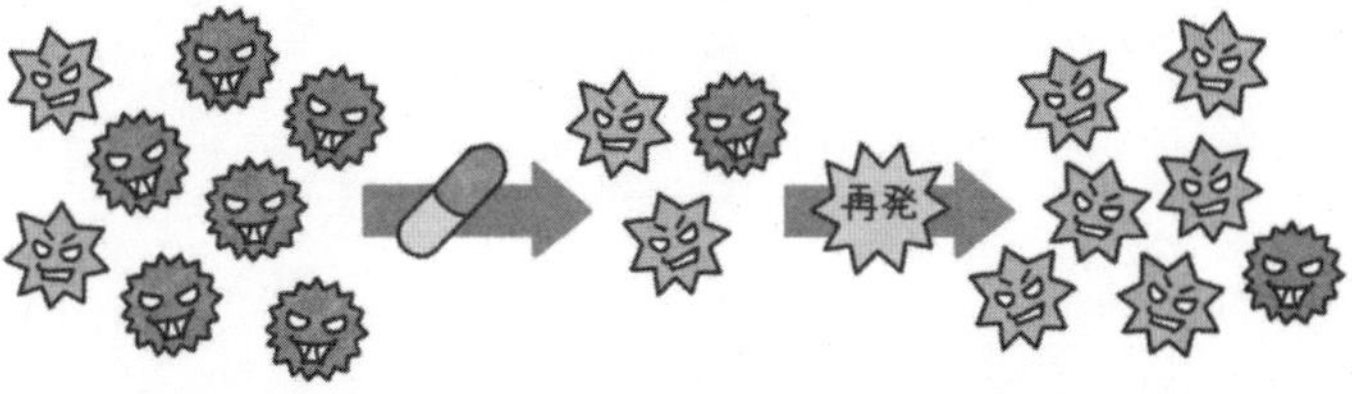

細菌性の病気で細菌が増えた状態

同じ薬では効かない菌が主体に

なぜ定期的に投薬するの？

●治療のための投薬は定期的に行うのが一般的

ペットの病気や怪我を治すためには、薬を飲ませたり患部に塗ったりしますが、毎日2回も3回も薬を投与しなければならないのはなぜでしょう。

薬が病気に対して治療効果を示すためには、体内に入らなければなりません。飲み薬などの全身投与薬の場合は、まず体内に吸収される必要があります。飲み薬は通常、口から入り食道、胃を通過して小腸に達します。錠剤などは小腸に届くまでに細かく分解されますが、薬の成分はほとんど変化しません。薬の成分は小腸から吸収され、毛細血管を通り静脈血液中に移動します。静脈の血液中に入った薬は心臓に送られ、動脈を通って病気が起きている場所（臓器や組織）に届きます。

これでやっと、薬が病気を治すためにはたらきはじめられるかというと、まだ十分ではありません。薬が病気に対して治療効果を示すためには、一定の量（濃度）の薬が常に血液中にある必要があります。薬が治療効果を示すために必要な血液中の量を有効域（あるいは有効血中濃度）と呼び

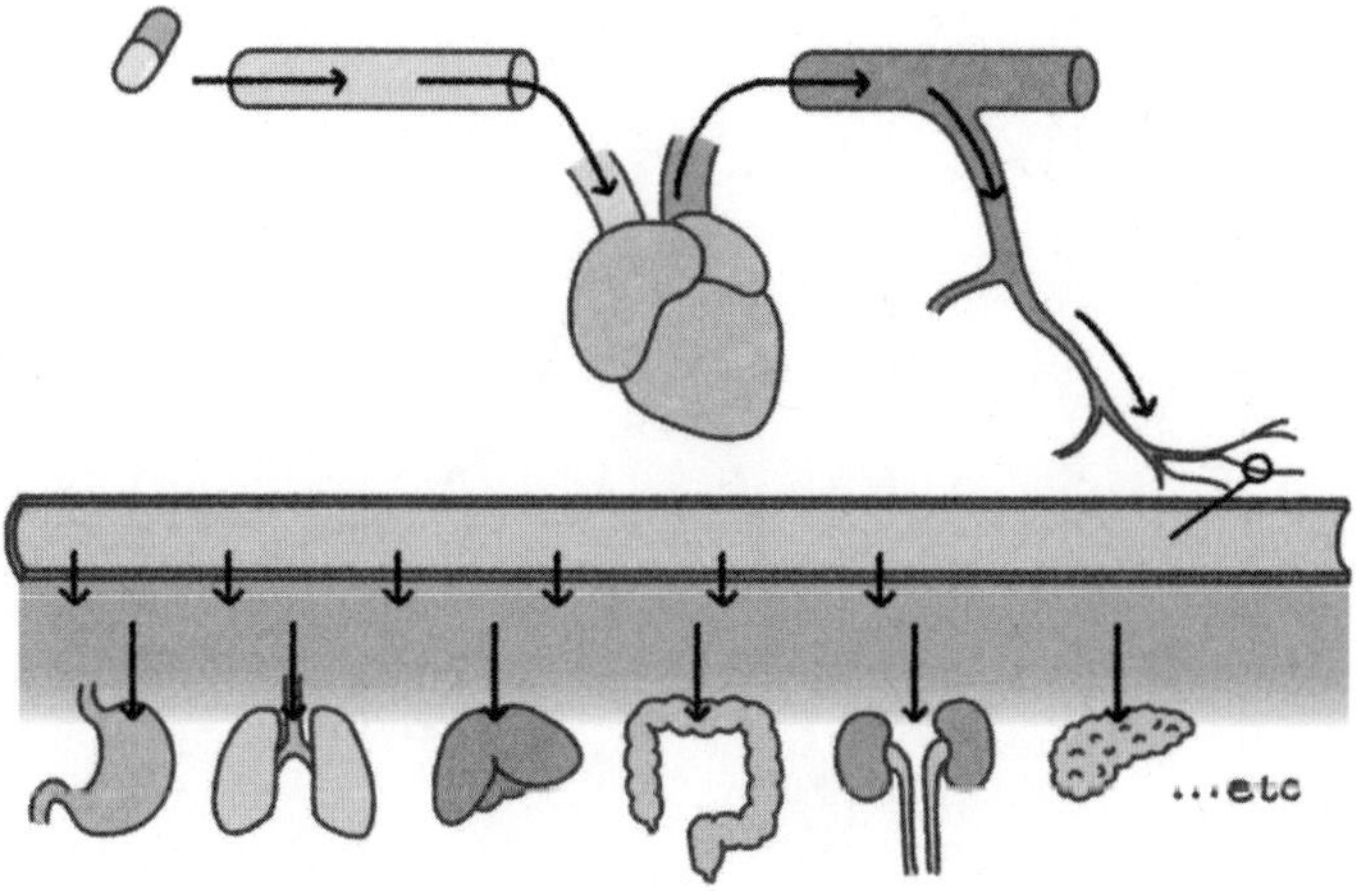

吸収された薬剤は心臓を介して毛細血管にいきわたり、全身の臓器や組織に到達する。

ます。

薬の種類によりこの濃度は異なりますが、有効域より血液中の薬の量が少ない（これを無効域あるいは無作用域と呼びます）と、治療効果を発揮できません。また、体の中に取り込まれた薬は時間が経つと、肝臓で代謝（化学的に形が変化）され、尿や便の中に排泄されていき、だんだんと血液中から量が減っていきます。

血液中の薬の量が有効域より減ってしまうと治療効果が期待できませんので、有効域を保てるように、定期的に投薬して補充し続けなければなりません。

●投薬の頻度は病気や薬によって変わる

局所投与薬である点眼薬、点耳薬あるいは皮膚投与薬などでも病気が治るまで繰り返し投与し続ける必要があります。例えば点眼薬ですが、液体の薬だと眼の表面に留まっている時間が短くなりますので、当然1回の投与で薬が作用している時間は短くなります。そのため、点眼液は多いものでは1日6回投与しなければならないものもあり

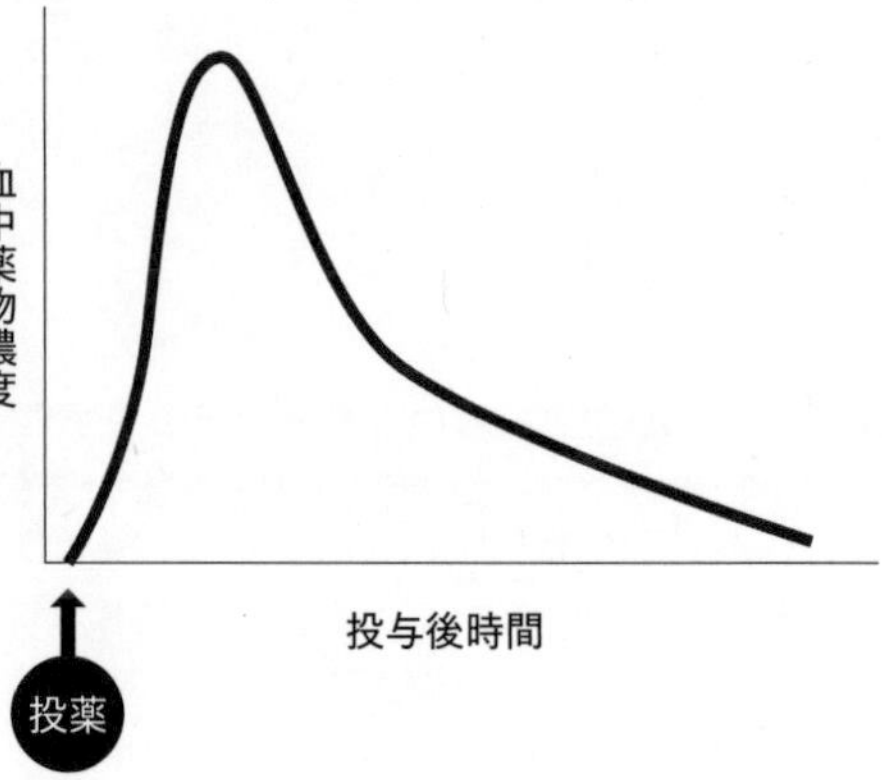

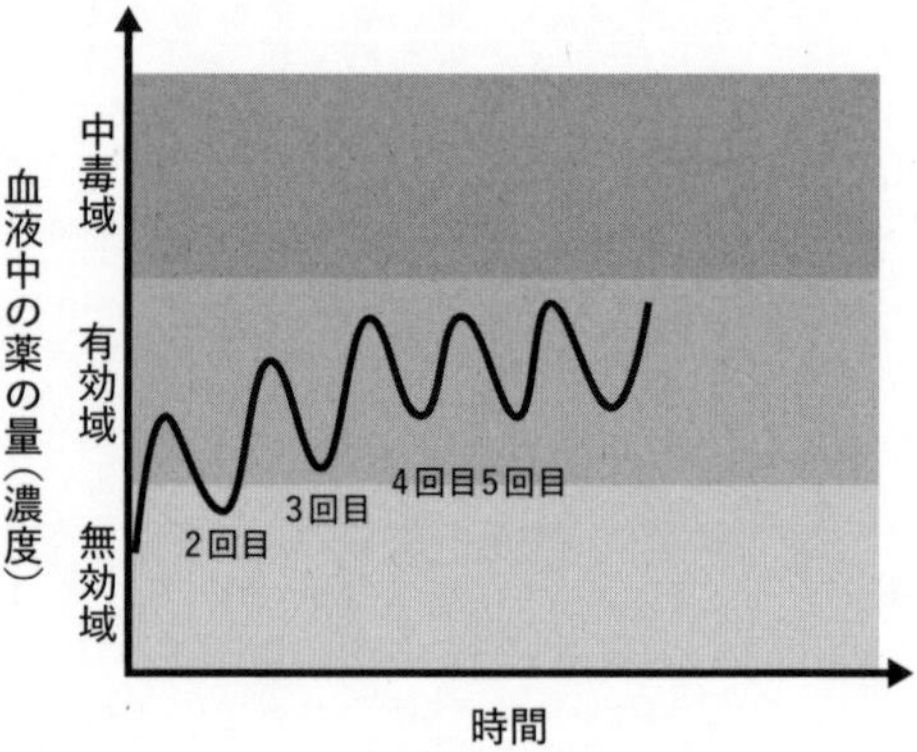

ます。

このような理由で、病気を治すために薬は定期的に投与し続ける必要があります。

●症状が治っても勝手に投薬をやめるのはＮＧ

大事なペットの病気や怪我を治すために毎日投薬を続けているわけですから、病気や怪我が完治すれば投薬はやめても構いません。しかし、病気や怪我が本当に完治したかを飼い主が判断するのは、時に難しい場合があります。

例えば、膀胱炎ではトイレに行って頻繁に排尿しようとするのが主な症状となり、排尿時に痛みを伴うこともあります。膀胱炎の原因はいろいろありますが、病状の悪化には尿中に繁殖する細菌が関係していることが多いので治療には通常、抗菌薬を使います。抗菌薬を繰り返し投与することで尿中の病原菌が減ってくると膀胱炎の症状はだんだんと改善します。動物病院から処方された抗菌薬がまだ残っていても、排尿回数が正常に戻り、排尿時の痛みが見られないようになってくると、一見膀胱炎が治ったように思いがちです。しかし、この段階ではまだ尿中に病原菌が残っているケースが多いです。このような場合には、抗菌薬の投与を勝手に止めたり頻度を減らしてしまうと尿中の病原菌が再び増殖してきて膀胱炎が再発します。膀胱炎に限らず、病原微生物(細菌、真菌、寄生虫など）による病気は症状だけで完治したかどうかを判断するのが難しいことが多いです。そのため、症状が改善してきても勝手に投薬をやめず、獣医師の投薬の指示に正しくしたがうようにしましょう。

適切な診療を受け、
正しい処方をしてもらいましょう。

動物病院では人用の薬を処方しているって本当？

●動物用の薬は人用の薬に比べて少ない

動物病院の診療では多くの場合、薬を処方されて自宅で投薬をすることになるかと思います。このときに処方された薬がペット用につくられたものなのか、人用のものなのかご存知でしょうか。実は、動物病院で使用している医薬品の7～8割は人用につくられたものです。では、どうして犬猫の治療に人用医薬品が使用されているのでしょうか。

人の新しい医薬品の開発には通常10年以上の時間と数百億から数千億円の費用が必要です。日本の医療費は約46兆円（2022年度）で、そのうち調剤・薬剤費は約8兆円とされています。一方、ペット用医薬品の国内市場は約400億円弱とされています。これだけ市場規模が違うと、医薬品メーカーはどうしても市場の小さいペット専用の医薬品開発に積極的ではなく、新しい医薬品の開発は進んできませんでした。そのため、人用医薬品を犬や猫をはじめとした動物の治療に使わざるを得ないのが現状です。もちろん、動物病院から処方される人用医薬品は、過去の使用データから安全性が保証されているものを獣医師が正しい診断に基づいて使用しているので、安全性には問題はありません。

●動物に人用の薬を処方することは法律で認められている

それでは、人用医薬品を犬猫の治療に使用しても法律上は問題ないのでしょうか。医薬品には一般用医薬品と処方箋医薬品があり、病院で処方される薬は後者です。処方箋医薬品には添付文書が付いていて、「注意 - 医師等の処方箋により使用すること」というただし書きが必ずあります。医師とは書いてありますが、獣医師とは書いていません。これはヤバいのでは、と感じた方もいるかと思いますが、安心してください。獣医師は医薬品の「適用外使用」が法律上認められています。

ペットの治療に関する「適用外使用」を簡単に説明すると、獣医師が犬や猫などの小動物の治療で人用医薬品や産業動物用医薬品を使用することにあたります。ペットの治療に人用の医薬品だけでなく、牛や豚などの産業動物用の医薬品が使われていると聞いて驚いた方もいるかもしれませんが、ペットの治療に使われる産業動物用の医薬品は主に寄生虫病の治療に使用する駆虫薬が中心となります。

●人用の医薬品はペットにとっても安全なことが多い

人用の医薬品のほとんどはペットに使用しても安全上問題はありません。しかし、薬の用量や錠剤の大きさなどは成人男性を基準に作られていますので、薬によっては猫や小型犬に使用するには錠剤が大きすぎて飲ませづらいということもあるかもしれません。また成人男性と比べると猫や小型犬はずっと小さいので、薬の用量は非常に小さくなる場合が多く、錠剤を小さく割るなど調剤に苦労することもあるかもしれません。

さらに、犬や猫の体の構造を人と比べると、身長（体長）あたりの腸の長さが短いという特徴があります。錠剤などの経口投与薬は小腸から吸収されますので、人の錠剤には病気を治す主成分の他に、人の小腸で吸収されやすいよう、また体内で安定しやすくなるような成分も含まれています。それらの成分は人の体で作用するようにできているので、犬や猫で全く同じ作用を示すわけではありません。ですので、本来なら犬や猫専用の医薬品があるのが望ましいのです。

●ペット用医薬品の承認は進んでいる

2015年に動物医薬品の承認に関して一部変更があり、犬および猫において長年使用実績のある人用医薬品を犬や猫用の動物用医薬品として特例で承認申請することが可能になりました。そのおかげで、長年犬や猫に使われてきた人用医薬品のうちの一部が、主成分が同じ動物用医薬品として承認され、より便利で安全な医薬品が動物病院で使用されるようになってきました。

●勝手に人用の医薬品を使うのはNG

では、飼い主の判断でドラッグストアや薬局で市販されている人用の医薬品をペットの治療に使っても大丈夫なのでしょうか。これも前述した話ですが、人用医薬品のほとんどの薬がペットに使用しても安全上問題はありません。しかし一部

動物用として承認される薬が増えれば、治療も投薬もより安心して受けることができる。

の人用医薬品はペットに与えると中毒症状を起こすことがあります。代表的な例として、アセトアミノフェンという解熱鎮痛薬があります。アセトアミノフェンという聞き覚えのない方も多いでしょうが、商品名のカロナールなら聞いたことがあるのではないでしょうか。アセトアミノフェンはカロナールの主成分です。アセトアミノフェンは人では副作用の少ない優れた解熱鎮痛薬ですが、猫では人がもつグルクロン酸転移酵素という代謝酵素がないので、アセトアミノフェンを投与すると代謝ができず、赤血球に異常が生じて貧血を起こします。そのため、アセトアミノフェンを含む医薬品を猫に与えては絶対にいけません。

獣医学生を主人公にした漫画で、主人公が下痢をしているペットに正露丸を与えるシーンがあります。この正露丸も投与された猫での死亡例が報告されています。正露丸と猫の中毒との関連性はまだ十分に証明されていませんが、安易に動物に与えない方がよいでしょう。

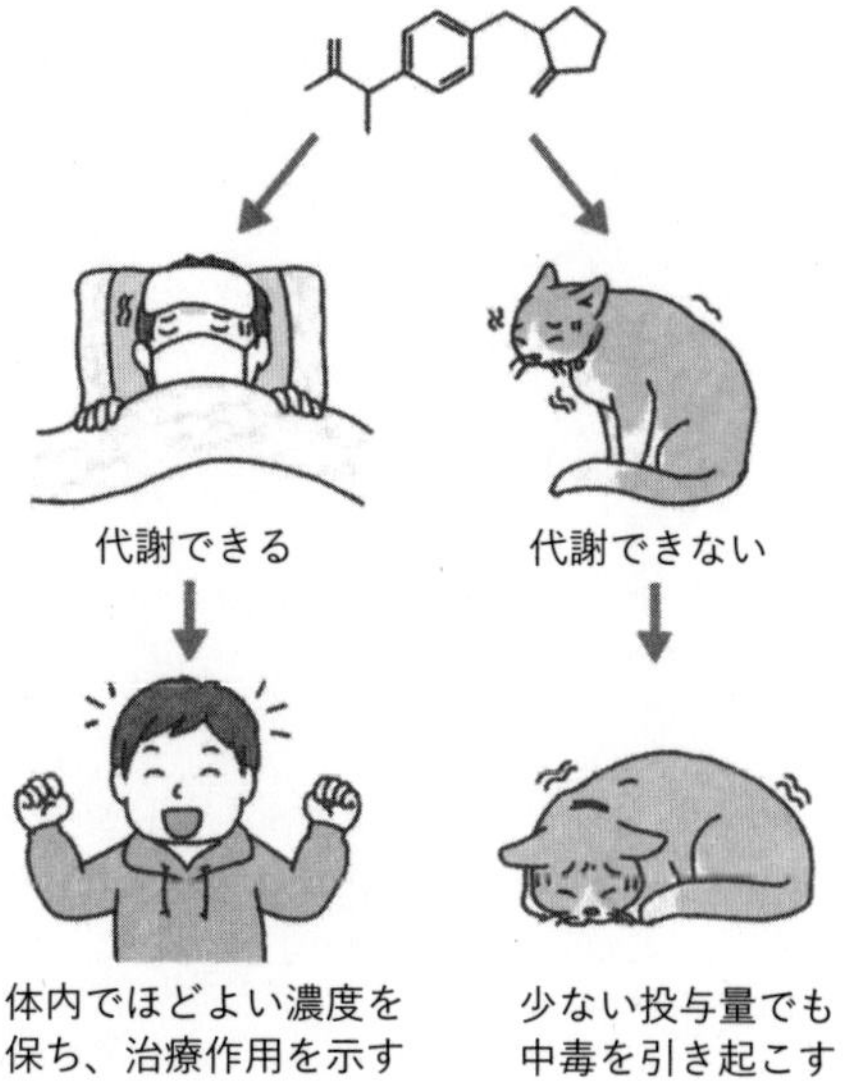
代謝できる
代謝できない
体内でほどよい濃度を
保ち、治療作用を示す
少ない投与量でも
中毒を引き起こす

●どんな薬も、診断なしに与えるのは危険

　市販されている医薬品は第一類から第三類に分類され、第一類医薬品は、医療用医薬品（医師が処方箋を出し、調剤薬局で処方される医薬品）と成分がほぼ同じで、薬剤師の説明を受けないと購入できません。つまり、第一類医薬品と動物病院で使用される人用医薬品はほとんど変わりません。ここまでの説明だと、市販の医薬品をペットに投与しても問題ないように感じるかもしれませんが、本当に大丈夫なのでしょうか。

　猫を飼っている方はご存知かと思いますが、猫は頻繁に吐くことがあります。吐く原因がすぐに分からないときは胃酸分泌を抑える薬や消化管の運動を促す薬を猫に投与することがあります。例えば、胃酸分泌を抑える薬であるファモチジンは市販薬として入手可能です。吐き気を示す猫にファモチジンを投与するのは間違いではありませんが、あくまで症状の経過観察や十分な検査を行うことが前提となります。吐く原因が異物による通過障害や胃腸捻転などの重篤な病気だった場合、ファモチジンでは根本的な治療になりませんし、そのような場合ではファモチジンを投与して一時的に吐き気を止めるのは病気の早期発見を妨げることになり、リスクを高める危険な行為になってしまいます。そもそも、激しい吐き気を示すペットには市販の錠剤を飲ませることは難しいでしょう。

どんな薬も治療の一手段であり、治療方針を決めるためには、診察と検査による正しい診断が重要です。自己診断で薬を使って治療を行うと、時に間違った治療へとつながってしまうことがあります。そうならないために、大切なペットが病気になったときは動物病院に連れて行き診察・検査を受け、正しい診断してもらいましょう。

時間がないときは2回分まとめて投薬しても大丈夫？

●投薬回数の勝手な変更は非常に危険

ペットに投薬するのは小さい子どもに薬を飲ませるのよりも手間がかかるかもしれません。忙しい毎日のなかで、嫌がるペットに決まった時間に薬を与えることは飼い主にとって大きな負担になることもあるでしょう。朝急いでいるときなどついつい投薬を忘れてしまうこともあるのではないかと思います。朝忘れたから、夜に2回分与えればいいやと考える方もいますが、それは危険な勘違いです。

●体内の薬の濃度を一定に保つことが大事

朝晩、あるいは朝昼晩と一定の間隔で定期的に投薬するのは、体内、特に血液中の薬の量（濃度）を一定のレベルに保つためです。薬は、与えた量が少なければ治療効果が現れず、多すぎると毒になることもあります。そのため、治療効果は出るけれど、有害な作用が出ない程度のちょうどよい薬の濃度を保つ必要があります（104頁の項を参照）。動物病院で処方する際には、それを考慮して投薬の頻度や1回あたりの量を決定しています。決められた頻度と量を守らずに、投薬したりしなかったりすると、体内の薬の濃度が極端に高くなったり低くなったりしてしまい、薬の治療効果が不十分になったり、有害な作用が強く出たりすることにつながってしまいます。

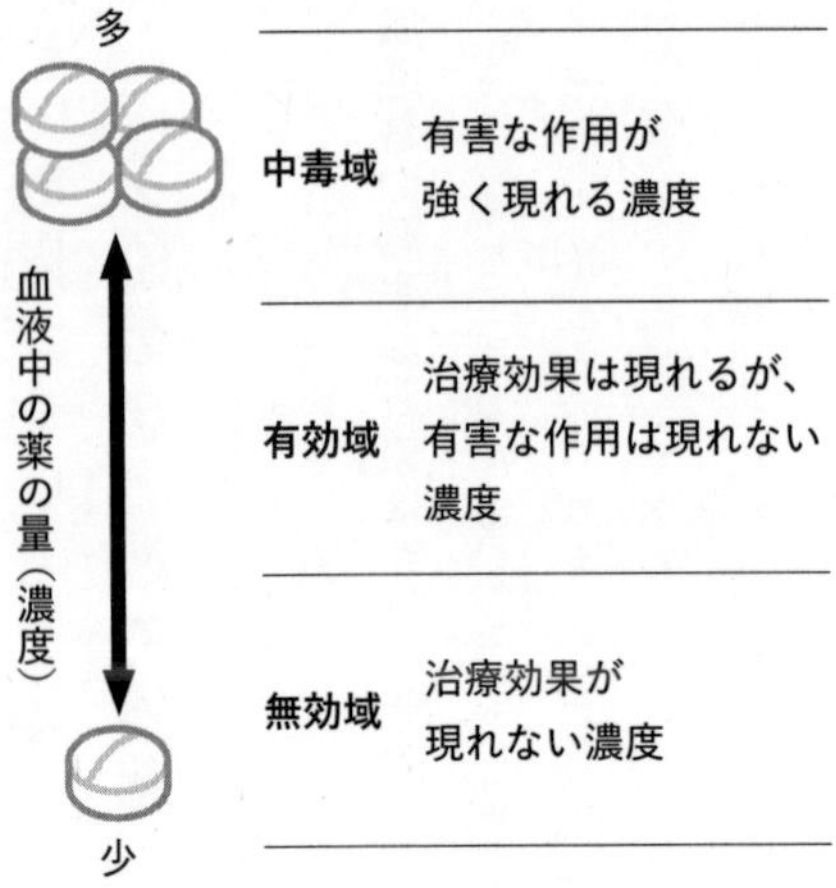

投与した薬は、さまざまな経路で血液中に到達し、そこから全身にいきわたって効果を及ぼします。そのため、体内での薬の効果の強さは血液中の濃度が1つの大きな目安になります。

●飲み薬の効き方

自宅でペットに投薬する方法としては、飲み薬や外用薬（塗り薬や点眼薬）が一般的です。心臓の病気や慢性的な胃腸の病気などでは飲み薬は欠かせません。塗り薬の投与は簡単ですが、犬や猫は患部を舐めてしまうことがあるので、塗り薬が使用できない場合もあります。そのため、傷の治療でも塗り薬の他に同成分の飲み薬をあわせて使用したり、飲み薬だけを使用する場合もあります。

それでは、飲み薬を例に、投与した薬が体内でどのように変化するのかを見てみましょう。

飲み薬は小腸で体内に吸収されて、初めて血液中に取り込まれます。同じ成分の注射薬に比べると、血液中の薬の濃度の上がり方はゆっくりです。動物病院で処方された飲み薬、特に1日複数回投与する薬では、血液中の薬の濃度は4回目くらいで治療効果が期待できる濃度（有効域）に達することができます。5回目以降はこの有効域を維持するために薬を定期的に飲み続けるわけです。有効域が続いている状態を定常状態と呼びます。

下の図は、朝晩飲み薬を投薬しているケースで、朝に投薬を忘れ、その晩に2回分まとめて投薬した場合の血液中の薬の濃度を示したものです。この場合、5回目の投薬までは薬の効果が現れる有効域で保たれていた薬の濃度が、朝（6回目）の飲ませ忘れによって、効果が現れない無効域まで下がってしまっています。これによって、持続し

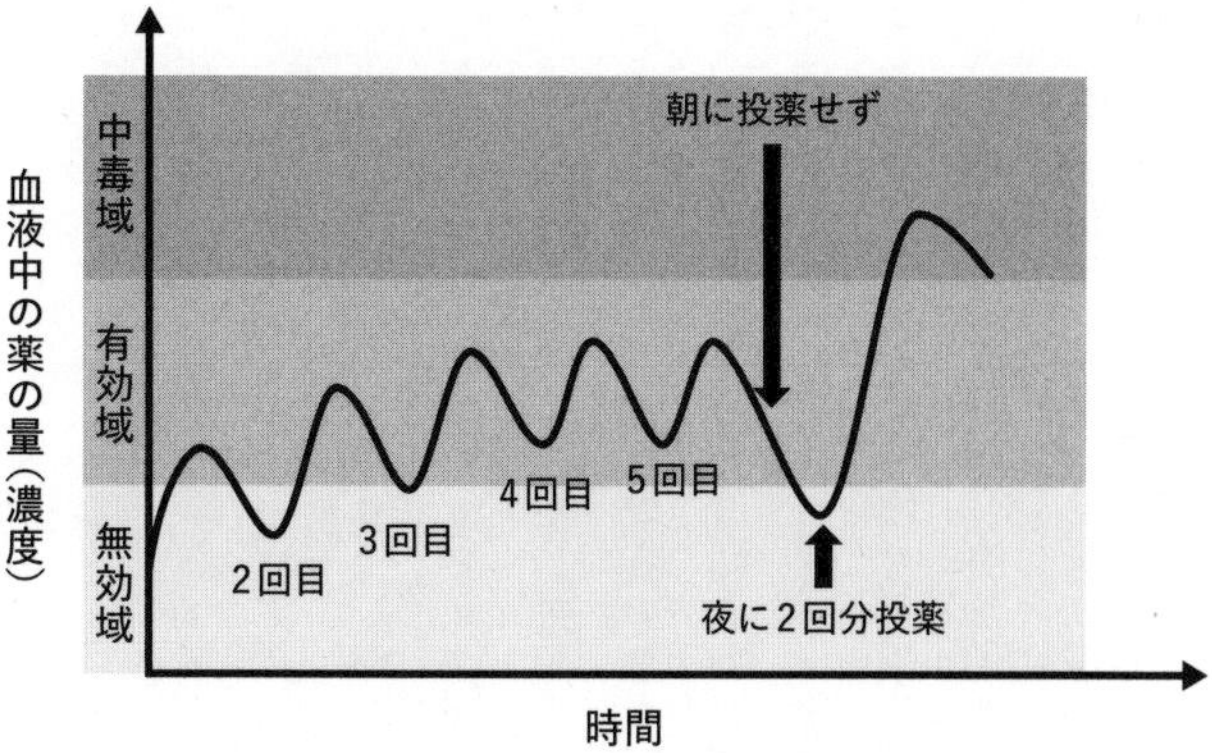

投与を忘れた後には血液中の薬の濃度が下がって効果が薄れるが、
２回分あわせて投与すると血液中の濃度は急激に上がり、中毒域に達する。

ていた薬の治療効果が途切れることになります。その後、朝忘れた分と夜の分をあわせて2回分を一度に投与すると、今度は血液中の薬の濃度が一気に上がり、中毒域まで達してしまい、薬の有害作用が現れるリスクが高くなります。薬を安全かつ有効に使うためには、定期的に正しい量を投薬することがとても大切です。

●飲み過ぎによる中毒は重大な副作用を引き起こすことも

実際にはどんな薬で複数回分まとめての投薬が問題になるのかというと、まずは心臓の筋肉のはたらきを強化する薬、強心薬の1つであるジゴキシンです。血液中の濃度が無効域まで下がれば、強心効果は十分に発揮できませんが、反対に中毒域まで血液中の濃度が上がると、嘔吐が起きやすくなり、不整脈が起こることもあります。この中毒作用のため、ジゴキシンは近年ではあまり使われなくなっています。

もっと身近な例として、抗菌薬があります。抗菌薬は病気の原因となる細菌を直接殺したり、増えるのを抑える作用をもつ、現代医療には欠かせない薬です。飲み忘れて血液中の濃度が有効域よりも低い状態が続くと、抗菌薬の効果で減らせていた細菌が増えてきたり、抗菌薬が効かないタイプの細菌（薬剤耐性菌）が増えてきたりすることで、治療の効果が大きく下がります。また、複数回分をまとめて投薬したり、複数種類の抗菌薬をまとめて投与すると、それぞれの抗菌薬で知られている有害作用が起こりやすくなります。

●忙しくて投薬できない場合には家族や動物病院に相談しよう

ここまで投薬の時間と1回当たりの投薬量が厳密に決められている理由を説明しましたが、それでもどうしても飼い主の都合で投薬の時間が取れないこともあると思います。そのような場合には家族にお願いしたり、場合によってはかかりつけの動物病院に預けて投薬をお願いするようにしましょう。また、間違えて飲ませすぎないように、朝の分と夜の分で分けて保存したり、カレンダーにメモをしたりなど、工夫を施すと面倒な投薬を快適にすることができるかもしれません。

カレンダーやスケジュール帳にメモしたり、
便利グッズを活用して投薬を忘れないようにしよう。

薬を投与している期間に、自分で購入したサプリをあげても大丈夫？

●サプリメントとは

日本でも健康意識の高まりやメディアでの紹介によりサプリメントが注目されるようになって数十年が経ちました。厚生労働省が２０１９年に行った調査では、日本人のサプリメントの摂取率は、男性で21・７%、女性で28・３%だと報告されています。では、サプリメントとはそもそも何でしょうか。

サプリメントは栄養補助食品とも呼ばれるもので、体に必要なビタミン、ミネラル、アミノ酸などの栄養素のうち食事で不足した分を補助的に摂取することや、生薬（ハーブ）などの薬効を目的とする食品です。病気になると高額な医療費がかかるアメリカでは健康維持のために広く普及しています。ご存知のように日本でもドラッグストアなどで人用のサプリメントを誰でも購入することができます。

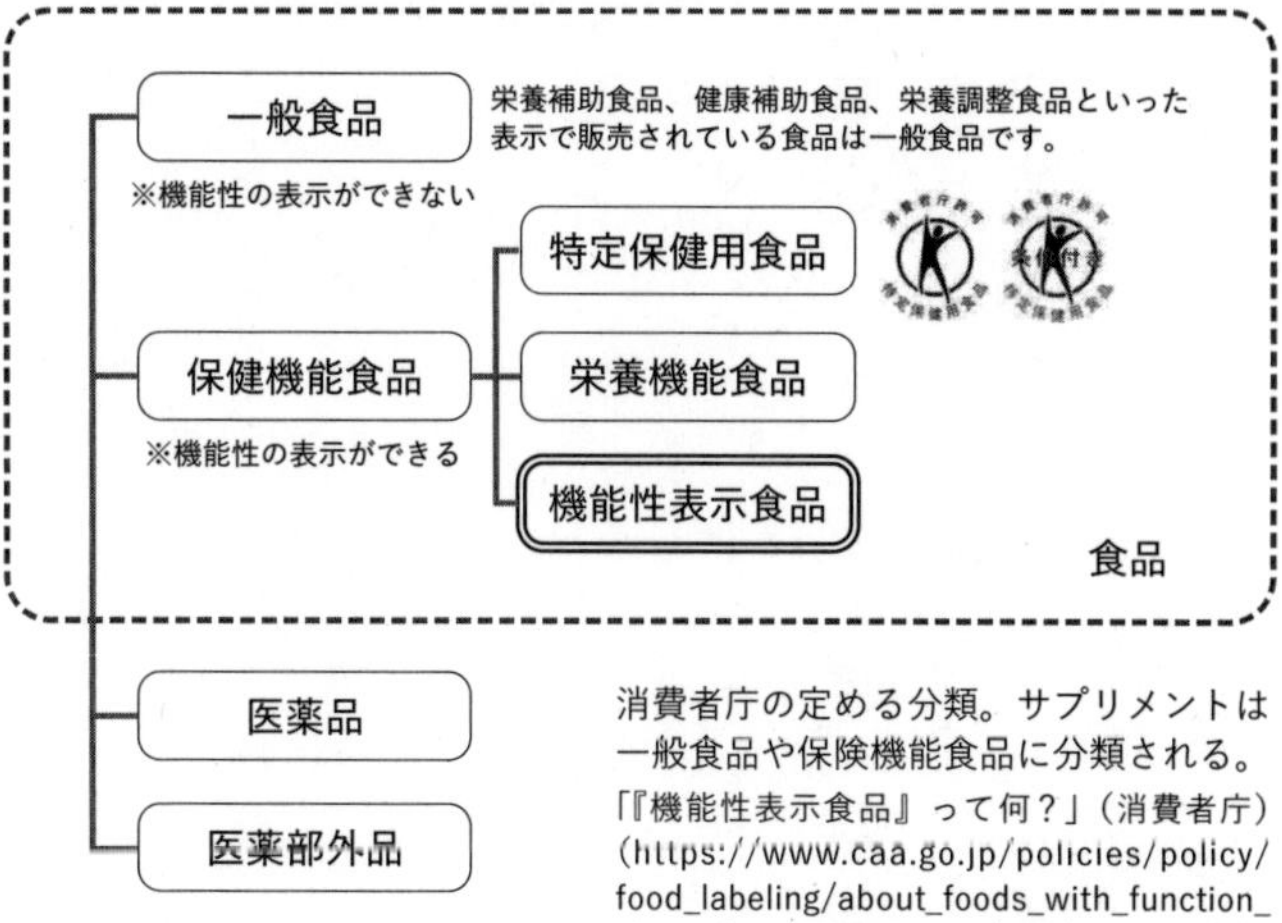

消費者庁の定める分類。サプリメントは一般食品や保険機能食品に分類される。
「『機能性表示食品』って何？」（消費者庁）（https://www.caa.go.jp/policies/policy/food_labeling/about_foods_with_function_claims/pdf/150810_1.pdf）を加工して作成

●ペット用サプリメントは増えている

最近ではペット用のサプリメントもどんどん増え、ホームセンター、ペット用品専門店やネット通販で購入でき、その市場規模は2018年時点で63億円まで拡大しており、今後も増加が予想されています。ペット用のサプリメントは主なものでは免疫の活性化、骨や関節の維持、目のケア、口腔ケア、整腸などを目的としたものがあります。

●サプリメントの中には薬との併用が危険なものもある

ペットも高齢になってくると人間以上に老化が速く、食餌や栄養の管理が若いときよりも大切になってきます。特に持病がある場合は食餌や栄養の管理は健康維持のために欠かせません。例えば、心臓や腎臓に病気があるペットは塩分（特にナトリウム）やタンパク質の摂取量に気を付けなければいけません。また、骨や関節の病気がある場合は体重を増加させないように摂取カロリー量に注意する必要があります。このような栄養管理の一環として、市販のサプリメントを利用する飼い主が多くいますが、サプリメントの中には薬の効果を抑えたり、薬の成分を吸収できなくしたりするものもあるので、投薬を継続している場合には注意が必要です。

●腎臓を助けるサプリメントが心臓病治療薬の吸収を邪魔することもある

小型犬に多く見られる慢性心不全では、進行状況によって血管拡張薬、強心薬、利尿薬など治療に使用する薬が増えていきます。また、慢性心不全が進行すると腎臓など他の臓器のはたらきも低下してきます。そのため、飼い主の中には腎臓のはたらきをカバーする目的で腎臓のためのサプリメントを与えようと自分で購入する人もいるかもしれません。

腎臓のためのサプリメントには活性炭を含むものがあります。活性炭は、本来腎臓で排泄する体の中でできた老廃物を吸着して便として体外に排出することを目的として配合されています。このタイプのサプリメントと血管拡張薬、強心薬、利尿薬などを同時に服用すると、サプリメントに含まれる活性炭が薬を吸着してしまい、薬が体内に吸収されず、効かなくなることがあります。

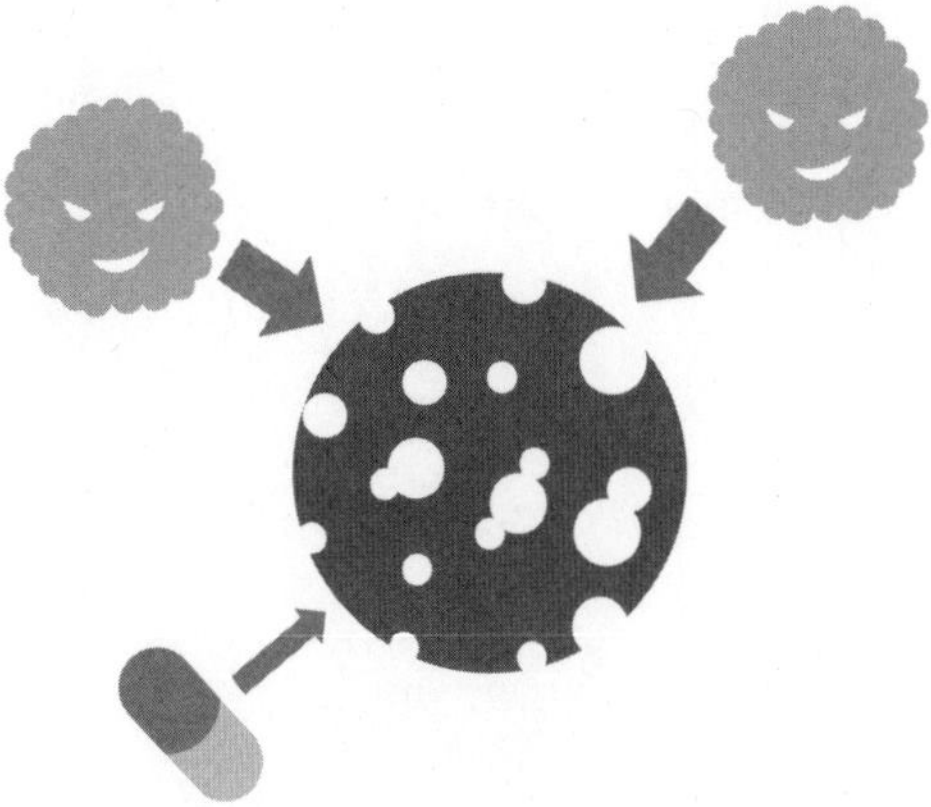

サプリメントの成分として含まれる活性炭は、老廃物を吸着して排泄することで腎臓のはたらきを助けるが、同時に薬の成分を吸着することもある。

●老化防止のサプリメントが血液凝固抑制薬のはたらきを邪魔することもある

ペット用に販売されている老化予防のサプリメントには、コエンザイムQ10という成分が入っていることがあります。このコエンザイムQ10は体内でエネルギー産生の役割を担ったり、老化の原因である酸化ストレスを抑えることで老化予防のはたらきを示すとされています。魅力的なはたらきをもつコエンザイムQ10ですが、血液凝固抑制薬であるワルファリンと併用するとその効果を下げてしまうことが知られていますので、注意が必要です。

●人用のサプリメントを勝手に与えるのは危険

109頁の項でも説明したように、ペットに使用されている医薬品の多くは人用の医薬品です。人用医薬品が大丈夫なら、人用のサプリメントをペットに与えるのも大丈夫なのでは、と考える方も多いかもしれません。しかし、人用のサプリメントにはスギナや朝鮮人参など、犬や猫の循環器病や腎臓病の症状を悪化させる可能性があるものもあります。このようなサプリメントは慢性心不全の場合には使用しない方がよいでしょう。

人用のサプリメントには他にもさまざまな犬や猫にとって危険な成分を含んでいる場合があるので、むやみに与えずに、基本的には獣医師とよく相談してください。

●サプリメントであっても用量には注意

サプリメントは栄養補助食品であり、さまざまな栄養素を豊富に含んでいます。加えてペット用のサプリメントには与えやすいように嗜好性を高めたおやつのようなものもあります。ペットが好んで食べたがることもあるかもしれませんが、体によいものだからといって与え過ぎると栄養バランスが崩れたり、肥満につながりますので注意しましょう。

ペット用のサプリメントは用量・用法を正しく守って使用しよう。

薬よりもサプリで治療したほうが安全？

●獣医療ではサプリメントを治療の補助目的で処方することもある

前の項で説明したように、サプリメントは栄養補助食品あるいは健康補助食品に分類されます。日本ではサプリメントに法律や行政上の定義はありませんが、消費者庁は便宜上、「いわゆる健康食品」の1つであると分類しています。2015年より「機能性表示食品制度」がはじまったので「機能性」を表示することができるようになりました。なお、この「機能性」とは「おなかの調子を整える」、「脂肪の吸収をおだやかにする」などの健康の維持や増進などに役立つことが期待される、という意味です。

一見すると、サプリメントの「機能性」と医薬品の「治療効果」は同じようですが、この違いは大きく、サプリメントは医薬品のように治験（病気の人や動物に投与して効果を調べる試験）が行われないため、病気の予防や治療効果があるということは保証されていません。したがって人の医療では保険制度の関係で、サプリメントは薬として扱えません。一方、獣医療は自由診療なので、時にはサプリメントも医薬品のように使用することがあります。しかし、あくまでも薬による治療の補助という扱いですので、サプリメント単体で病気を治療することはありません。

獣医師は、治療薬に加えて、補助として
サプリメントを処方することもある。

●サプリメントは医薬品に比べて安全性が高いとはいえない

では、サプリメントは医薬品よりも安全なのでしょうか。109頁の項で医薬品について説明しましたが、医薬品の開発には莫大な費用がかかっていて、安全性に関しても十分に検査を行っています。したがって、医薬品は正しい使い方をしていれば安全性は保証されています。一方、サプリメントは治験が実施されていませんので、医薬品以上に安全という証拠はありません。

多くのサプリメント、特にビタミンやミネラルを摂取するためのサプリメントは安全性にほとんど問題がないと思いますが、ニンニクやタマネギ、ブドウなどの成分を含むサプリメントは一部のペットに中毒を起こす危険性があるので、サプリメントを選ぶときには成分に注意が必要です。

安全性が疑わしいサプリメントに関しては、極力避けるか、獣医師に相談して使用するようにしましょう。

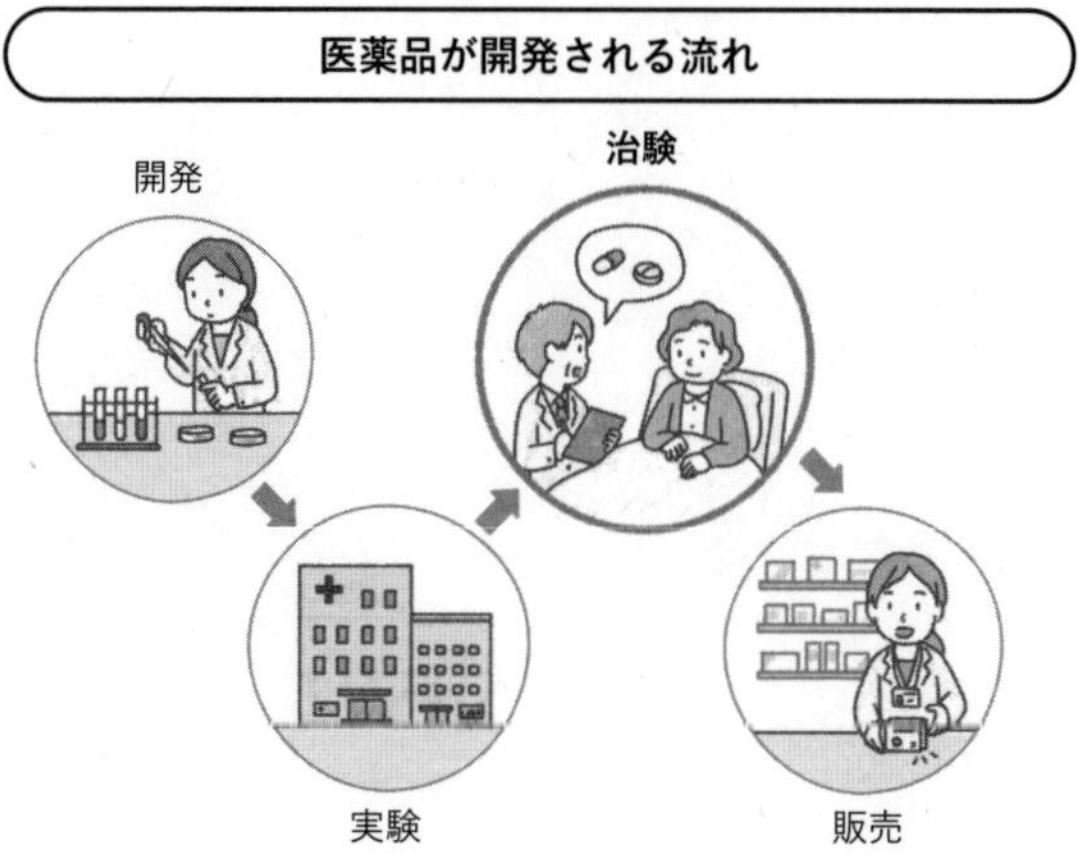

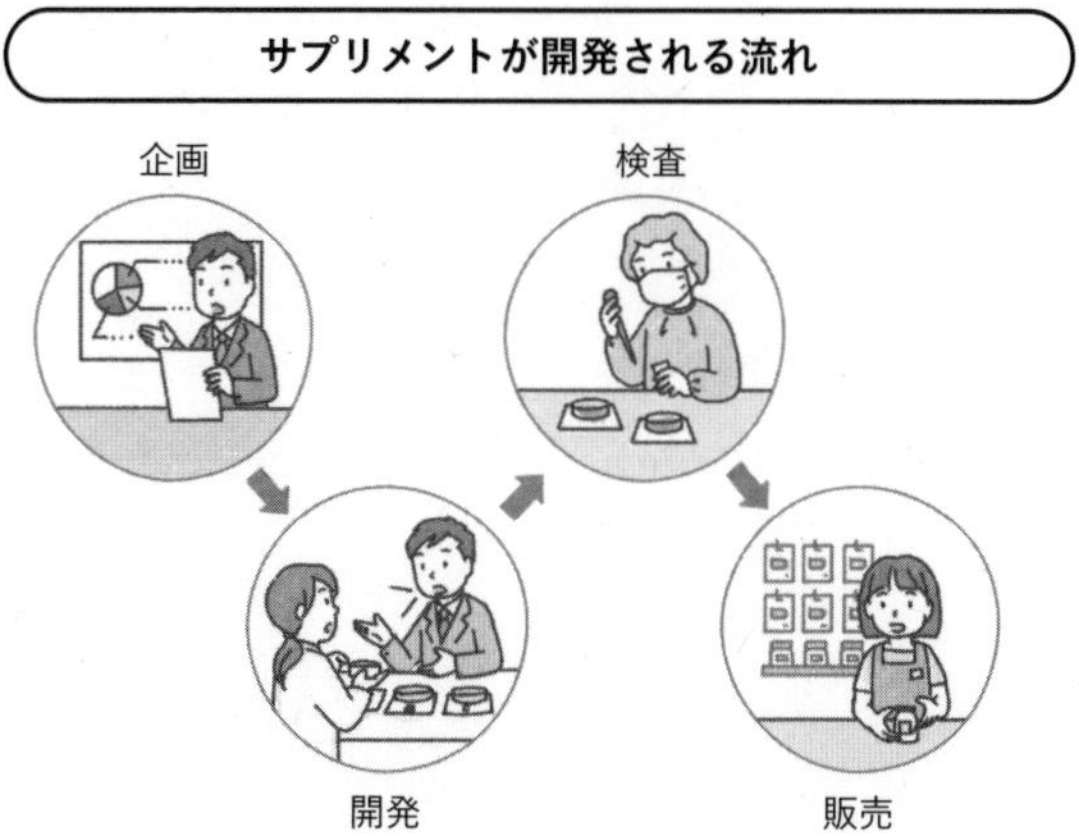

日本より獣医学の進んでいる欧米の薬のほうが安心？

●欧米の獣医学教育はたしかに日本よりも進んでいる

最近は何でも国際的に評価されるご時世で、ご多分に漏れず、獣医系大学にも国際的評価があり、欧米の大学が上位に入っています。特に、アメリカの獣医大学は、医学部・歯学部と同じ専門大学（大学院大学）で、受験するには四年制の理系大学で必要な単位を履修して卒業する必要があります。つまり、アメリカの大学の方が日本の大学より高い教育体制にあるわけです（教育講義の内容には大きな差はないですが、臨床の実践教育には残念ながらまだまだ差があります）。

●ペット用医薬品の種類も欧米の方が多いのが現状

また、日本国内のペット用医薬品の市場規模は400億円弱ですが、ペット大国とも呼ばれるアメリカでは1兆円以上といわれており、アメリカの方が市場規模が大きい分、ペット用医薬品が開発されやすい環境にあります。新しいペット用医薬品が発明されるのも多くは欧米で、それを日本のメーカーがライセンス契約のもとに国内で生産販売するケースが多いです。したがって、日本で販売されていないペット用医薬品が欧米で流通していることもあります。

●海外の薬だからといって優れているわけではない

では、獣医学が進んでいる欧米の薬の方が日本の薬より安心なのでしょうか。109頁の項では、日本ではペットの治療に人用の医薬品が多く使用されていることを説明しましたが、人用の医薬品も欧米で使用されている医薬品が日本で使用できるように厚生労働省が認可するまでに時間がかかる場合が多いようです。しかしペット用医薬品は多くが、主成分が人用の医薬品と共通であることが多いです。ですからわざわざ、海外からペット用医薬品を輸入して治療に使用すべきであるケースは少ないでしょう。したがって、通常の治療において欧米の医薬品の方が、日本の薬に比べて特に安心ということはありません。

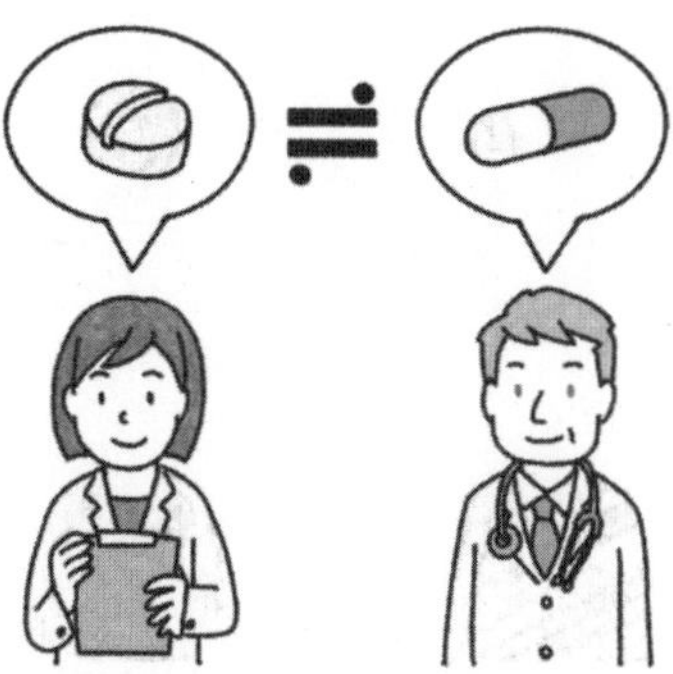

同じ病気に対して日本と海外で違う薬を使うこともあるが、
治療効果は同じであり、優劣が存在するわけではない。

海外の薬を自分で輸入して使用しても大丈夫？

●医薬品の個人輸入は法律で制限されている

近年では国際化が進み、海外に行かなくても海外製品の多くがネットで購入できるようになっています。では、海外の医薬品を個人輸入することは可能なのでしょうか。医薬品は人や動物の健康や身体などに影響するものであるため、その輸入に関しては薬機法で規制されています。個人で医薬品を輸入する場合、人用医薬品に関しては厚生労働省、動物用医薬品に関しては農林水産省が管轄しています。

動物用医薬品を個人で輸入する場合は左の図に示したように、原則、農林水産省で輸入確認書類の手続きが必要になります。輸入確認書類は、「動物用医薬品・再生医療等の製品」の場合と「動物用医薬部外品・医療機器」の場合で書類が異なります（書類に関する説明は農林水産省のホームページで確認してください）。

また、要指示医薬品を個人で輸入しようする場合には、さらに手続きが必要です。要指示医薬品とは、強い副作用の恐れのあるものや不適切な使用をすると病原微生物に耐性が生じてしまう可能性があるものなど、使用する際に獣医師の指導が

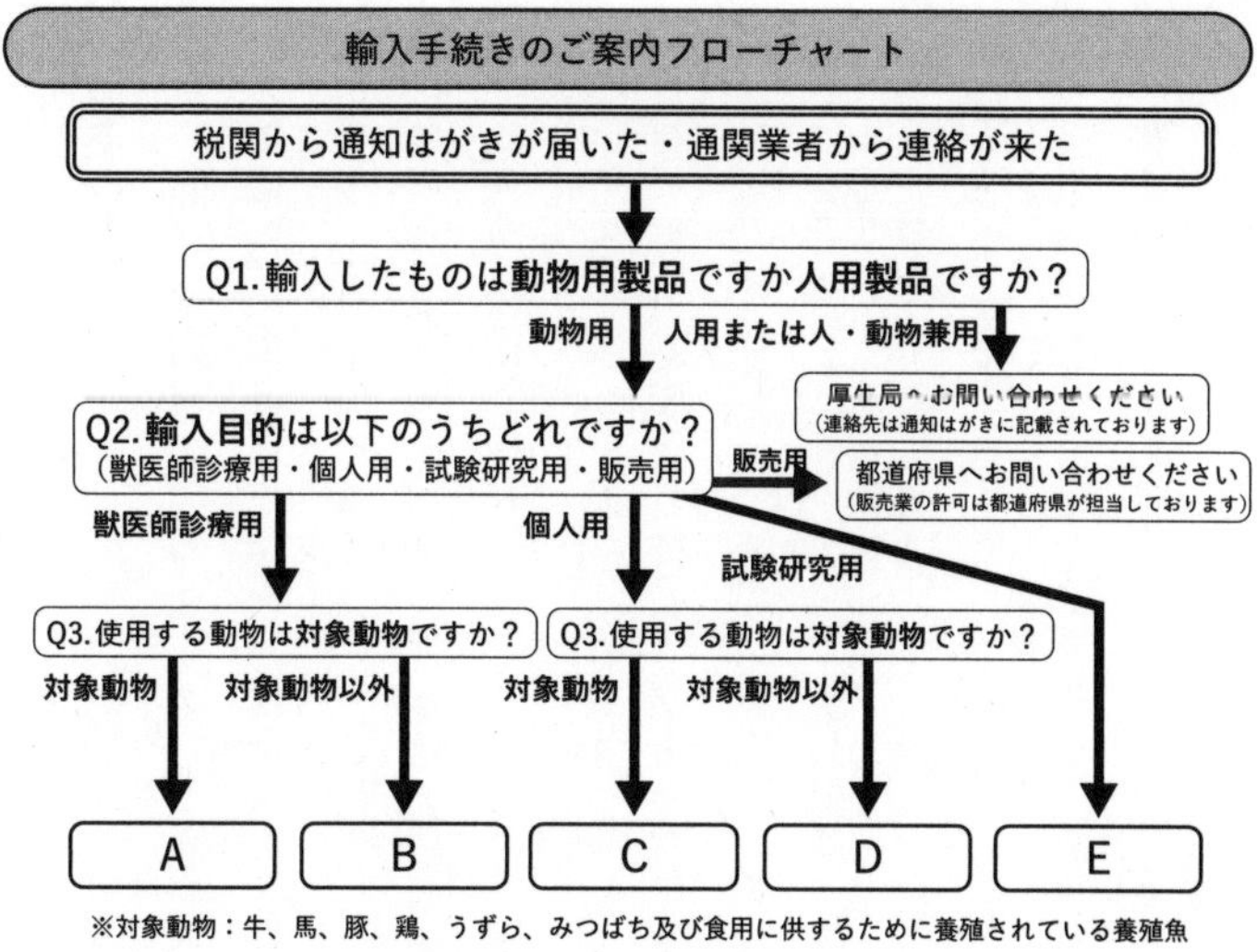
輸入手続きのご案内フローチャート
税関から通知はがきが届いた・通関業者から連絡が来た
Q1.輸入したものは動物用製品ですか人用製品ですか？
動物用
人用または人・動物兼用
厚生局へお問い合わせください
(連絡先は通知はがきに記載されております)
Q2.輸入目的は以下のうちどれですか？
(獣医師診療用・個人用・試験研究用・販売用)
販売用
都道府県へお問い合わせください
(販売業の許可は都道府県が担当しております)
獣医師診療用
個人用
試験研究用
Q3.使用する動物は対象動物ですか？
Q3.使用する動物は対象動物ですか？
対象動物
対象動物以外
対象動物
対象動物以外
A
B
C
D
E
※対象動物：牛、馬、豚、鶏、うずら、みつばち及び食用に供するために養殖されている養殖魚

農林水産省の定める個人輸入をする際のフローチャート。Cに当てはまる場合には輸入ができない。A・D・Eに当てはまる場合には手続きが必要で、Bに当てはまる場合にも原則手続きが必要となる。

「動物用医薬品等の輸入確認手続きについて」（農林水産省）（https://www.maff.go.jp/j/syouan/tikusui/yakuzi/y_import/kakunin.html）を加工して作成

必要な医薬品です。具体的な例を挙げると、犬のフィラリア症予防薬や抗菌薬などです。このような医薬品は、個人で飼っているペットに使用するためであっても、輸入する場合には獣医師の指示書(処方箋)が必要になります。どうしても輸入が必要な場合には獣医師に診察してもらった上で指示書を交付してもらい、輸入確認書類と併せて提出することが求められます。

また、一部の医薬品は法律で輸入が禁止されています。例えば、動物用体外診断用医薬品(ウイルスの抗原検査キットなどのこと)を除き、ワクチンなどの生物学的製剤は個人だけなく、獣医師の診療目的でもあっても輸入することはできません。

また、海外でサプリメントとして販売されているものでも、日本の法律で医薬品として扱われているものは輸入確認書類の提出が必要となります。同様に、海外で一般用医薬品として販売されているものでも日本で要指示医薬品として扱われている医薬品は、獣医師に診察してもらった上で指示書を交付してもらう必要があります。

●輸入は可能だが、安全性は保証されない

このように、動物医薬品の多くは手続きを正しく行えば、海外から輸入することが可能ですが、輸入した医薬品の安全性の基準は日本の安全性の基準とは異なります。人用の医薬品の個人輸入に関しては、国民生活センターなどの公的機関が副作用について注意喚起をしています。

医薬品の開発や海外の医薬品の国内認可のためには、治験という検査を行って人に対して安全に使用できるかを見きわめます。治験では基準としてその国の人、アメリカならアメリカ人、日本

なら日本人が検査の対象になります。欧米系の人種やアフリカ系の人種と日本人のようなアジア系人種では、化学物質の代謝に関わる酵素のはたらきが異なることが分かっています。そのため海外の薬を国内で認可する際には、その薬が日本人にも有効か、副作用を起こさないかを調べるために日本で臨床治験が行われます。それらが明らかになって、海外医薬品はようやく国内で生産・使用認可が受けられます。したがって、認可されていない海外の医薬品を輸入しても、日本人が使って安全という保証はありません。

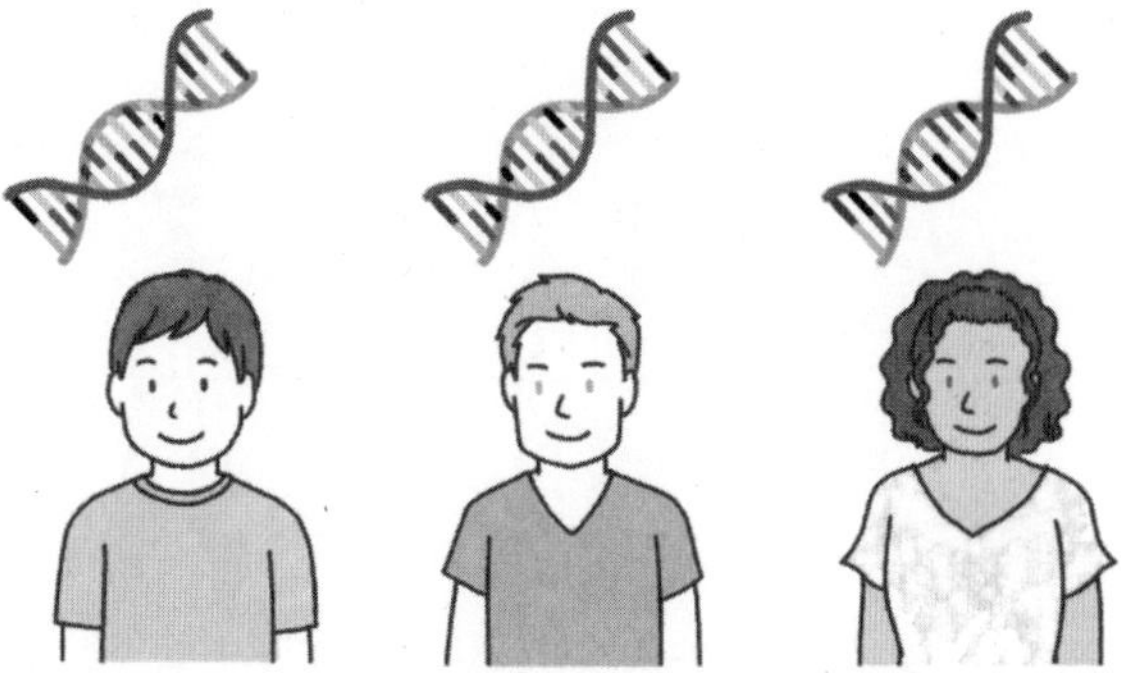

人種などによって遺伝子が異なり、その違いが薬の効果に現れることもある。そのため薬は、使用者と同じ人種で治験を行わないと効果や安全性を保証することはできない。

●ペットも海外と日本では体質が異なることが多い

この理屈をペットにおきかえると、猫は世界中一緒じゃないか、うちの犬は海外の品種だから大丈夫じゃないか、と考える方もいるのではないでしょうか。たしかに人種の違いに比べると犬や猫は国ごとの差が小さいように感じますが、同じ品種であっても国ごとにブリードされていく中で遺伝子に違いがあったり、生活のスタイルが違うことでかかりやすい病気が違ったり、薬の代謝が違ったりすることが実際にあるので、動物用医薬品も人用医薬品と同様、日本で飼われているペットを対象に臨床治験を行わないと効果や安全性を保証することはできません。

同じ品種であっても、国ごとに遺伝子が異なっていたり、食餌などが異なるので、それが原因となって薬の効果にも違いが現れることがある。

●どうしても海外の薬を使用したい場合には
まず獣医師に相談しよう

101頁の項でも説明したように、薬の処方は病気にあわせて行う必要があり、病気の診断には症状を見るだけでは難しいケースも多々あります。どうしても海外から動物用医薬品を購入する必要がある場合は、自分だけで判断せず、事前に獣医師に相談し、動物病院で診断を受けることをお勧めします。

ジェネリック医薬品と先発医薬品って何が違うの？

●よく聞くけど知らないジェネリック

ジェネリックという単語は、ここ数年ほどでずいぶんと一般的になったように感じます。最近では、ジェネリック医薬品を製造している製薬会社のCMもTVで放送されているので、それをきっかけにジェネリック医薬品を知った方も多いかと思います。では、ジェネリック医薬品とはどんなものなのでしょうか。

医薬品（人用医薬品の話が中心になりますが）は医療用医薬品と一般用医薬品に分かれます。医療用医薬品は医師や歯科医師（ペットの場合は獣医師）によって処方される医薬品のことで、一般用医薬品はドラッグストアや薬局で処方箋なしで購入できる医薬品のことです。医療用医薬品はさらに新薬（先発医薬品とも呼びます）とジェネリック医薬品（後発医薬品とも呼びます）に分けられます。つまり、ジェネリック医薬品とは医療用医薬品の分類の名前で、新薬に対して後からつくられた薬を指します。

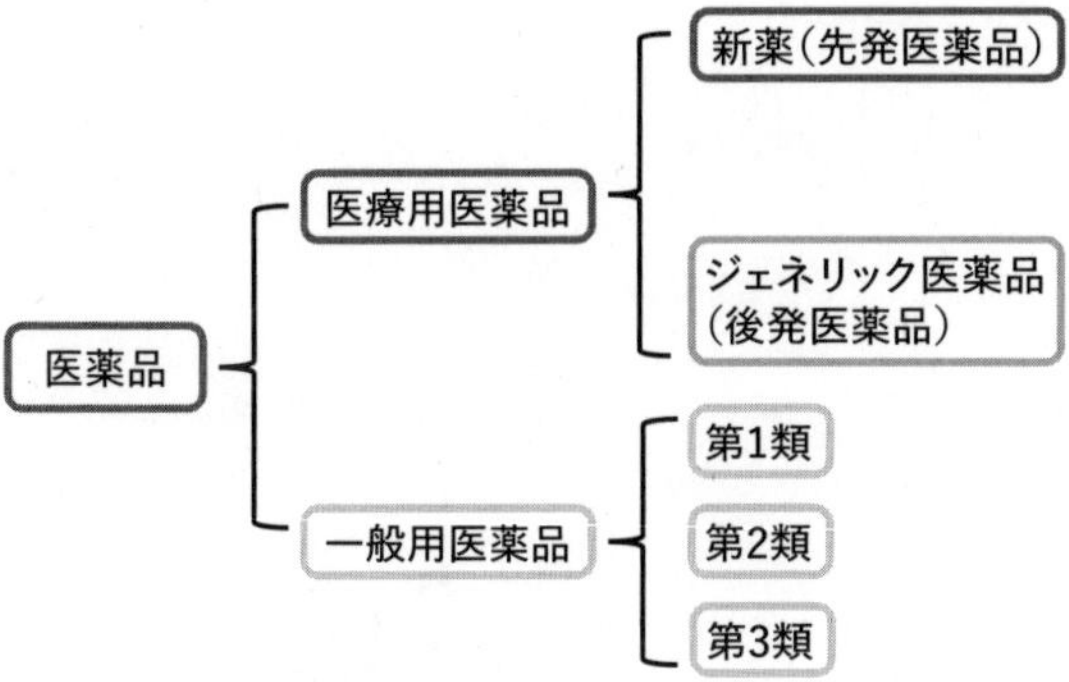

医薬品の分類

●ジェネリック医薬品は新薬と違う会社が製造している

109の項でも説明しましたが、人の新薬の開発には通常、10年以上の月日と数百億円から数千億円の費用がかかります。そのため、完成した新薬は薬価が高くなりがちで、日本の医療費の高騰の一因となってきました。新薬は開発した製薬会社に一定期間の特許が認められるので、その期間は他の会社が似た薬を作ることはできませんが、特許期間は出願から20から25年で終了します。特許期間が過ぎると、他の製薬会社も同じような医薬品を製造できるようになります、これがジェネリック医薬品です。

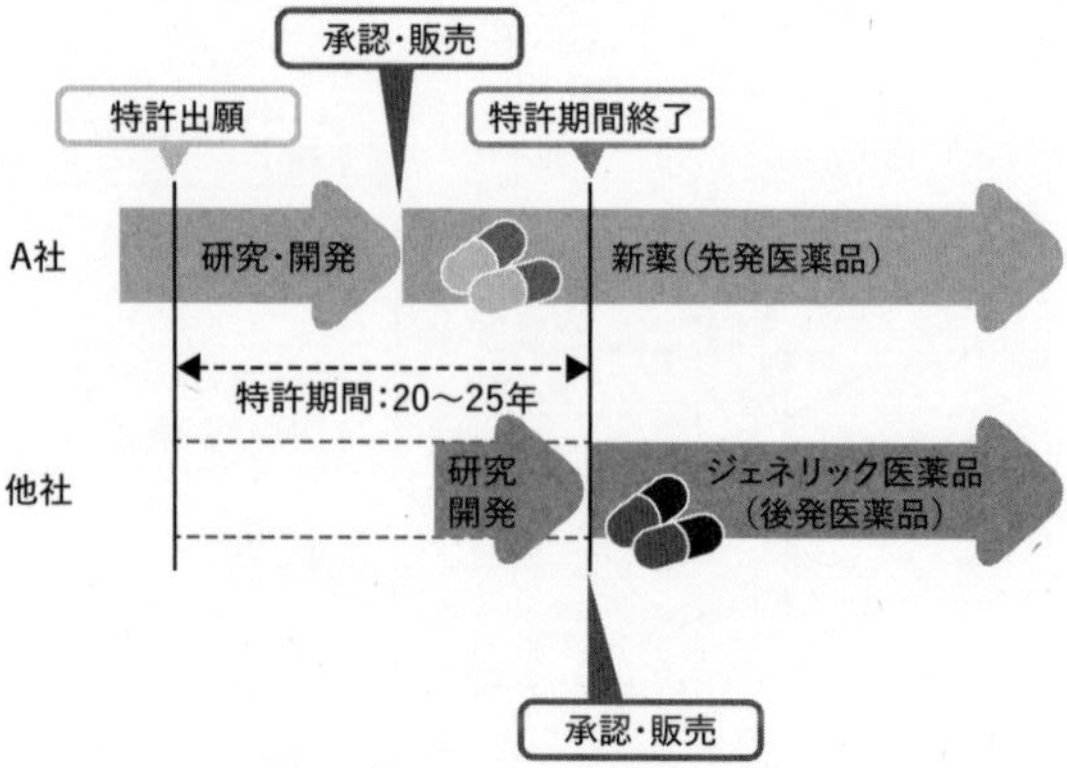

ジェネリック医薬品は新薬を開発した会社とは別の会社が開発したもので、短い研究期間を経て新薬の特許期間が切れたタイミングで販売が開始される。

●ジェネリック医薬品と新薬の有効成分は同じ

ジェネリック医薬品は新薬と同じ主成分（有効成分とも呼びます）を同じだけ含んでいます。副成分（添加剤とも呼びます）や主成分を化学的に安定させたり、体内への吸収を助けたりする成分は違うことがありますが、効果と安全性は新薬とほぼ同じです。しかも新薬と違い、開発のための費用と時間が少ないので新薬に比べ安価です。

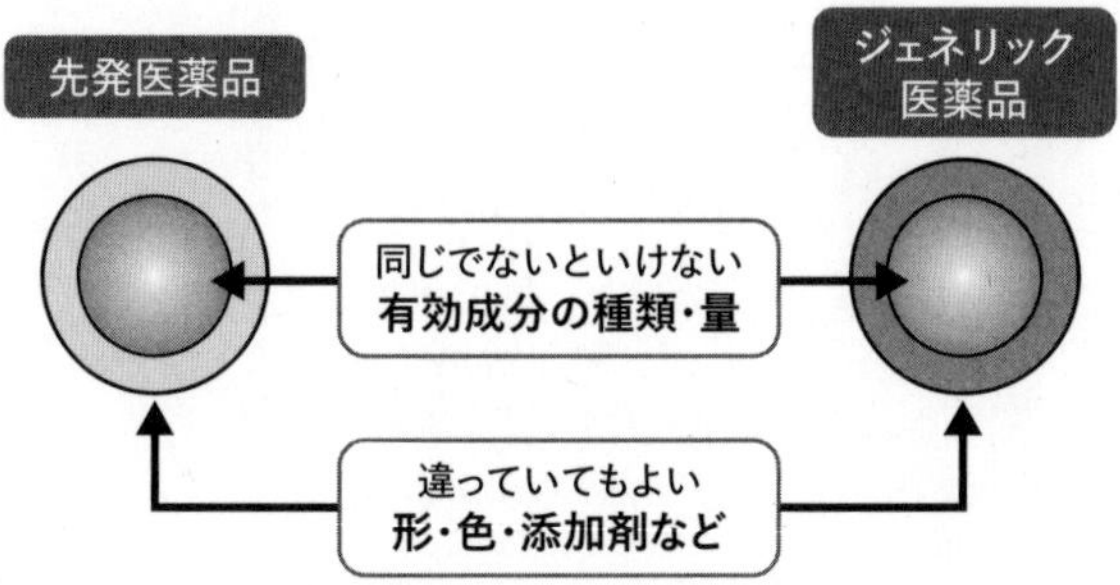

ジェネリック医薬品は新薬と有効成分が同じで、品質・有効性・安全性についても同等である。主成分以外の成分や形・色などについては開発する製薬会社が自由に変えることができる。

●人医療のジェネリック医薬品は広く使用されている

人の場合、医療費は国民健康保険でまかなわれており、日本の医療費は約46兆円（2022年度）でそのうち調剤・薬剤費は約8兆円ともいわれています。調剤・薬剤費を抑えるための手段として日本政府はジェネリック医薬品の使用を推進しており、その努力もあってジェネリック医薬品のシェアは70％を超え、さらに80％を目指しています。これも109頁の項で説明しましたが、ペットの治療には人用の医薬品が非常に多く使われていますから、正確なデータはありませんが、ペットの治療にも人のジェネリック医薬品はかなり使用されるようになっていると考えられます。

●ペット用のジェネリック医薬品はまだ十分に開発されていない

では、動物用医薬品においてジェネリック医薬品はどれくらい存在するのかというと、日本における動物用医薬品は2008年時点で3000品目を超えており、農林水産省の報告ではそのうち約半分がジェネリック医薬品とされています。しかし、日本の動物用医薬品のうち約半数は牛、豚、鶏などの産業動物用ですので、ペット専用のジェネリック医薬品は人用と比べて、品目も割合も少ないのが現状です。

人医療では費用の一部を負担する政府が積極的にジェネリック医薬品の利用を推奨し、結果として高いシェアを占めるようになりましたが、動物用医薬品、特にペット用の医薬品は公的な保険がありません。そのため、国や自治体の負担は全くなく、医療費を負担するのは飼い主個人です（最近は、民間のペット保険も増えたので一部は保険会社も負担しますが）。したがって、ペット専用のジェネリック医薬品が今後、急速に増加することはないと予想されています。

●ジェネリック薬と先発薬の効果は同じ

前述のとおり、先発医薬品（新薬）とジェネリック医薬品は同じ量の主成分（有効成分）を含んでいます。薬は吸収される速さと量が同じであれば同じ効果を示しますので、ジェネリック医薬品の承認では、血液中に吸収される速さと量が新薬と同じであることを確認する試験（生物学的同等性試験）が行われます。その他にも、有効成分の純度や量を確認するための品質試験、薬から溶け出す有効成分の量を確認するための溶出試験、温度や湿度などによる薬の状態変化が基準値内であるか確認する安定性試験を行い、全てをクリアして初めてジェネリック医薬品として承認されます。ですので、先発医薬品との同じ効果と安全性が保証されているわけです。

●ジェネリック医薬品のなかには独自のアレンジを行っているものもある

ジェネリック医薬品には先発医薬品にはない改良がなされているものもあります。錠剤を飲みやすい大きさに変えたものや、コーティングして苦みを少なくしているものもあれば、錠剤を飲み込めない患者のためにゼリー状にしたものもあります。ペット用のジェネリック医薬品では、犬のフィラリア症予防薬で錠剤からチュアブル錠（おやつのようなもの）に変わった例があります。

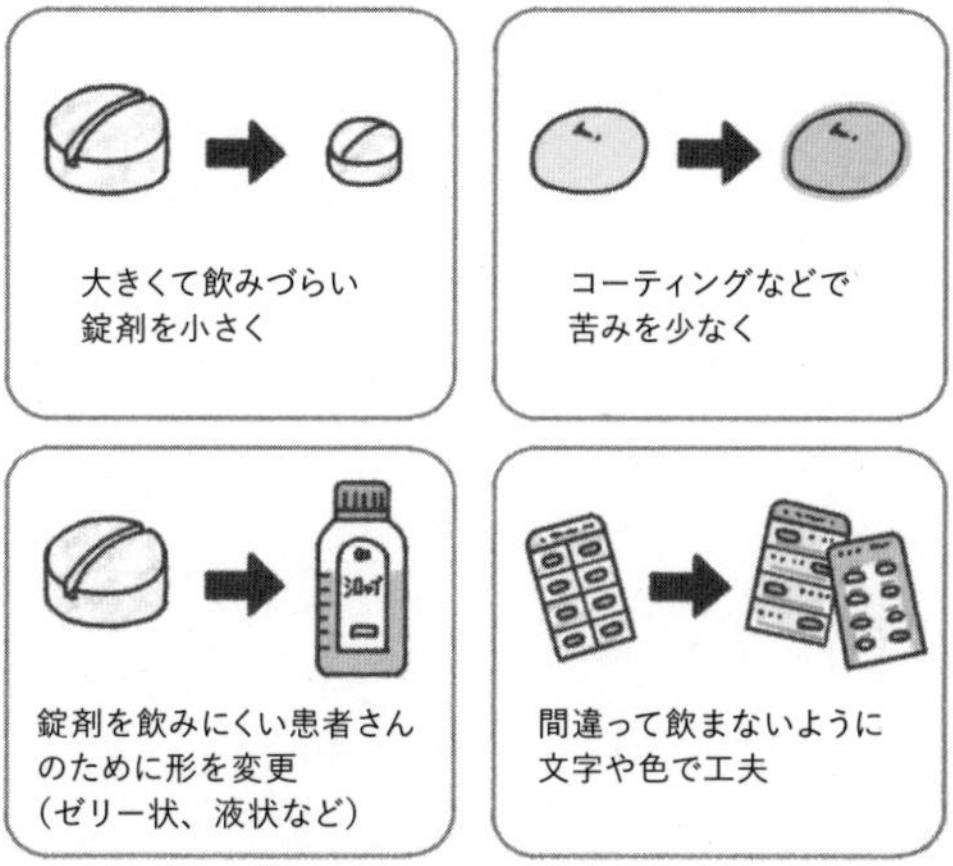

大きくて飲みづらい
錠剤を小さく
コーティングなどで
苦みを少なく
錠剤を飲みにくい患者さん
のために形を変更
（ゼリー状、液状など）
間違って飲まないように
文字や色で工夫

ジェネリック医薬品の中には新薬の問題点を解決するようなアレンジを行い、より患者にやさしくなっているものもある。

また、医薬品の名前が異なることから起こる医療ミスを少なくするために、ジェネリック医薬品は製薬会社ごとで異なっていた医薬品の名前を主成分名（有効成分名）に統一する流れが進んでいます。

●ジェネリック医薬品も先発医薬品も処方にしたがって適切に使用しよう

繰り返しになりますが、先発医薬品とジェネリック医薬品の効果と安全性はほぼ同じですので、動物病院で処方された薬がジェネリック医薬品であっても心配する必要はありません。ただし、どんな薬にも副作用が起こるリスクはありますので、ジェネリック医薬品も動物病院で処方された用量・用法を守って使ってください。

飼い主が感染症にかかったら、同居するペットも治療が必要？

●感染症が人から動物に感染する可能性は0ではない

新型コロナウイルスによるパンデミックでは、症状の苦しさだけでなく、他の人に感染させないための対策に苦しんだ方も多かったかと思います。

もし飼い主が新型コロナウイルスやヒトインフルエンザウイルスに感染した場合、同居しているペットにウイルスは感染しないのでしょうか。ヒトインフルエンザウイルスによる感染症は、人から人へと感染するもので、人から別の動物に感染することは通常起こりません。しかし、非常にまれですが（正確な数値を示す科学的なデータはありませんが、確率はかなり低いと思われます）、猫に感染した例が報告されています。ちなみに、新型コロナウイルスも人から猫に感染することがあり、感染した猫の症状は食欲や元気の低下だといわれています。

●人の感染症に対応したペット用の薬は存在しない

ウイルス性の病気には治療薬は少ないですが、ヒトインフルエンザの治療薬には「タミフル」「リレンザ」「イナビル」「ゾフルーザ」「ラピアクタ」などがあります。しかしこれらの薬のペットに対する有効性や安全性は確立していません。また、安易な使用は薬に耐性をもつウイルスを産出してしまう可能性があるので控えなければなりません。もし、飼い主自身がインフルエンザのような感染症に罹患したら、ペットとの接触を避け、くしゃみや鼻水などの飛沫がペットにかからないようにマスクを着用したり、飛沫が飛び散った場所を消毒したりするのが現実的な対応です。これは新型コロナウイルスやノロウイルスなどによる感染症でも同じようなことがいえます（ご存じの方もいらっしゃると思いますが、新型コロナウイルスやノロウイルスには抗ウイルス薬はありません）。

感染する可能性は低いが、念のために自分の体調が優れないときは衛生管理を徹底し、ペットとの接触も最低限に抑えよう。

●ペットからペットへの感染は要注意

では、ペットを複数飼っている家庭でその中の1匹が感染症にかかった場合は、感染していない他のペットの治療を含めどのような対応をすればよいのでしょうか。これにはいくつかのケースが考えられます。

1つ目はウイルスによる感染症の場合です。犬と猫のウイルス感染症については第2章でも触れましたが、通常、犬のウイルス感染症は犬から犬へ、猫のウイルス感染症は猫から猫へ感染します。そのため、飼っている犬がウイルス感染症にかかった場合には、同居の犬に感染しないよう、同居犬へのワクチン接種をおすすめします。同様に、飼っている猫がウイルス感染症にかかった場合でも、同居猫がワクチンを接種していないようでしたら、接種を検討した方がよいでしょう。

●犬パルボウイルス感染症では異種の同居動物に対しても早期の対応が必要

通常のウイルスでは犬から猫への感染は起きませんが、犬パルボウイルスのうちの1つの型（一部のウイルスでは型によって性質が異なります）は猫にも感染します。犬パルボウイルスは感染力が強く、ワクチンを接種しても感染がなかなか防げません（重症化は防げますので、ワクチンの接種は重要です）。同居の犬が犬パルボウイルスに感染してしまった場合は、感染した犬を含め感染していない同居の犬や猫にもネコインターフェロン製剤という薬を投与すると感染症の発症を防いだり、発症後の症状を軽減することができる可能性があります。

また、このネコインターフェロン製剤は猫カリシウイルス感染症にも有効性があります。ただし、ウイルス感染症には根本的な治療方法はありませんので、あくまでも予防が大切になります。飼っている犬や猫がウイルス感染症にかかった場合には同居の他のペットと隔離し、飛び散った飛沫の消毒を徹底し、飼い主の皆さんも手洗いなどの衛生管理を行ってください。

感染力の強い犬パルボウイルスに感染したら、他のペットとは隔離し、生活環境の消毒を徹底しましょう。

●糞便による寄生虫の感染も要注意

ペットからペットへの感染で注意すべき2つ目のケースは、寄生虫のうち主に体内で増えて病気を発症するものです。幼弱な動物では、消化管寄生虫が原因になって下痢をすることがありますが、そのような寄生虫は糞便を介して同居のペットにも感染することがありますので、子犬や子猫が下痢をした場合は動物病院で糞便を検査しましょう。寄生虫が原因だった場合には原因寄生虫を特定して駆虫薬を処方してもらい、下痢をしていない同居動物にも薬を投与しましょう。消化管寄生虫は一回で駆虫できないこともありますので、その際は再度薬を投与する必要があります。

消化管の寄生虫は糞便を介して感染するものも多いので、糞便の処理をきちんと行うことが予防にもなる。

●ノミやダニが媒介する病気もペット間で感染する

ペットからペットへの感染で注意すべき3つ目のケースはノミやダニの感染です。ノミは主に3種類いますが、第2章でも説明したように、一般的にペットに寄生する可能性が高いのはネコノミです。ネコノミは猫だけなく、犬にも人にも寄生し、単に吸血するだけではなく、犬や猫に寄生する瓜実条虫、人に感染するリケッチアやペスト菌（日本での発生報告はここしばらくありませんが）などの病気を媒介します。またダニ（主にマダニ）も宿主を吸血するだけではなく、ツツガムシ病や重症熱性血小板減少症候群（SFTS）などの人獣共通感染症を媒介します。

ノミやダニは動物から動物へと移りますので、犬や猫の体にノミやダニを見つけたら、同居のペットのためだけでなく、飼い主の皆さん自身の健康のためにも駆除と予防を徹底するようにしましょう。

ペットが感染症にかかったら、飼い主も予防や治療が必要？

●犬猫から人に感染する病気はいくつかある

犬や猫の感染症、特に狂犬病を除くウイルス性感染症が人に感染することはほとんどありません。そのため、飼い主が犬や猫のウイルス性感染症に対してワクチンを接種したり予防を行う必要はありません。

一方で、細菌や真菌による感染症は動物から人へ感染することがあります。真菌症（カビ）の1種である皮膚糸状菌症は幼齢や老齢、あるいは免疫力が落ちている犬や猫がかかりやすい感染症で、人も感染することがあります。こまめな手洗いや生活スペースの清掃・消毒に気を付けていれば十分に予防ができます。万が一感染してしまった場合は皮膚科を受診し、抗真菌薬を処方してもらう必要があります。

また、回虫、トキソプラズマなどの犬猫に寄生する消化管寄生虫も人に感染することがまれにあります。ほとんどの場合では無症状ですが、免疫力が低下している場合には内臓や眼に移行して症状を起こします。また、犬のフィラリア症の原因となるフィラリアも寄生虫であり、一般的には人には感染しないといわれることが多いですが、非常にまれに（交通事故に遭う確率よりかなり低いくらいですが）人に感染することもあります。ちなみにかなり昔には肺にフィラリアが感染した患者（人）が肺がんと誤診されたケースもあったようです。

●ペットに無害な病原体が人に感染して病気を引き起こすこともある

ペットの感染症が人に感染するケースを紹介してきましたが、ペットにとっては無害でもペットから人に感染すると病気を引き起こす病原菌もいます。パスツレラ菌は健康な犬の約75%、猫のほぼ100%で口腔内に存在している常在菌ですが、犬や猫に咬まれたりひっかかれたりした傷や、犬猫とのキスや食事の口移しで人に感染します（猫の場合、猫ひっかき病とも呼ばれます）。健康な人はほとんど症状がなく傷口の腫れなどで治まりますが、高齢者や乳幼児、免疫力の低下している人では皮膚や呼吸器の病気を発症します。

ペットが感染症にかかっていたり、あるいは治った直後にご自身に体調不良が生じた場合には、病院を受診し、医師には飼っているペットの病気のことも伝えるようにしましょう。また、ペットのためにも飼い主の皆さんのためにも家の中を清潔にするよう心がけましょう。

生活環境を清潔に保つことも立派な予防である。

●安全なペットライフのためにも狂犬病予防は徹底しよう

動物と人の間で感染する人獣共通感染症の1つである狂犬病は、日本国内では人への感染は何十年もなく、清浄国とされていますが、発症した場合の致死率はほぼ100％という大変恐ろしい感染症です。ほぼ全ての哺乳類で感染する可能性があり、感染動物による咬傷が人への主な感染経路となります。狂犬病の感染が確認されている国に渡航する際には、ワクチンを接種しているか分からない動物には触らないように心掛けましょう。また、こんな恐ろしい感染症が国内で広がらないためにも、愛するペットと自分自身、そして社会全体のために犬の狂犬病予防接種は徹底しましょう。

【あとがき】

本書は2023年の初夏に緑書房の編集部から届いた1通のメールからスタートしました。同社とは過去に2冊の専門書を監修した関係があったのですが、今回は獣医師向けの専門書ではなく、飼い主を対象とした本の監修を依頼したいとのことでした。今まで、大学教育で使用する教科書や実習書、獣医師向けの専門誌の特集を一部執筆したことはあったのですが、一般の飼い主向けの本の企画は初めてであり、執筆者も検討してほしいとの依頼でしたので、引き受けるべきか正直少し迷いました。

わたしも大学の教員になり、薬理学の講義を担当するようになっていつの間にか20年ほどになりました。最初の数年は獣医学生にのみ講義をしていましたが、動物看護学生や他の動物学系の学生にも講義をするようになり、さまざまなバックグラウンドや方向性をもつ学生に合わせて講義の幅が広げられるようになったと思います（これについては講義の機会を与えてくれた方々と講義を受けてくれた学生に感謝するばかりです）。また、大学で講師や助手を務めていたときには仕事に余裕がなく、動物好きで獣医師になったにもかかわらずペットを飼っていませんでしたが、忙しくても猫なら飼えるという話を聞いて猫を飼うことにしました。猫を飼いはじめて10数年が経ち、猫の数も1匹、2匹と増え続け、現在では4匹の猫と暮らしています。余談ですが、子供のころから動物が好きで、犬、小鳥、カメ、カエル、イモリ、金魚、メダカ、ザリガニなどいろいろな動物を飼ってきました。そう考えてみると、飼い主→獣医師→大学教員兼飼い主、という変わった経歴をもち、かつ薬理学の知識がある人物はなかなかいないのではないか、と思ってこの企画を引き受けることにしました。こうして、この本の執筆者を探すところから動きはじめました。編集部の要望で、執筆者の中には動物病院での診療経験が十分ある中堅の獣医師を入れてほしいとのことでしたので、卒業生や知り合いの獣医師の何人かに声を掛けましたが、なかなか色よい返事はいただけませんでした。そのなかで山口登志宏先生がわたしの依頼を受けてくれただけでなく、獣医療に独特の予防医療（ワクチン、フィラリア症予防、ノミダニ駆除など）に関する章を引き受けてくれるとの頼もしい返事をいただきました。治療薬に関する章は、やはり薬理学の知識がないと難しいと考え、わたしが担当することにしました。薬のしくみや服薬に関する章は人の介護や医療とも重なる点が多く、医療従事者として医療現場をよくみてきた経験をもち、わたしの研究室でも一時獣医学の研究と教育に携わっていた金田寿子先生に担当していただきました。

まえがきにも書きましたが、獣医療も進歩し、獣医師をはじめとした動物病院スタッフの医療技術や飼い主への説明能力などは人の医療に近いものが求められるようになってきています。しかし、動物病院によっては多くの患者に対応するため、1件あたりの説明時間が十分に取れないこともあります。そのような状況では、飼い主側も遠慮してしまって、なかなか聞き返せないこともあるかと思います。また、社会の情報化が進み、インターネット上で病気や薬についての情報を入手しやすくなっていますが、獣医師がまとめているようなサイトを読んでいても、薬に関する説明がもう少しほしいと感じることが多々あります。さらに、昨今のインターネットの情報量はあまりにも多く、ひとつひとつの情報の正否は判断が難しい状況です。この本は、そんな現状に困っている飼い主の薬に関する疑問を少しでも解決すること、そして動物病院スタッフとスムーズにやりとりできることを目的としてまとめています。

最後になりましたが、本書をともに執筆した金田寿子先生と山口登志宏先生に感謝するとともに、本書を企画していただいた緑書房編集部の董笑謙氏（私の講義を受けた日本獣医生命科学大学の卒業生でもあります）と同社のみなさまにも深く御礼申し上げます。また、獣医師として動物病院に勤めながら、わたしの研究室で大学院生としてともに研究に取り組んでいる山崎慎吾君にも、現場の生きた獣医療に関する知識とアドバイスをいただいたことに深く感謝いたします。

2024年6月　監修者　金田剛治

参考文献

第1章

- 日本比較薬理学・毒性学会編『獣医薬理学 第二版』近代出版、二〇二一年
- 福永優子監、一般社団法人日本動物保健看護系大学協会カリキュラム委員会編『愛玩動物看護師カリキュラム準拠教科書 2巻 動物病理学／動物薬理学』エデュワードプレス、二〇二二年
- 金田剛治監、八木久仁子著『犬と猫の臨床薬理ハンドブック』緑書房、二〇一六年
- 上村直樹監編、下平秀夫編『ビジュアル薬剤師実務シリーズ1 薬局調剤の基本』羊土社、二〇〇八年
- 上村直樹、平井みどり編『新ビジュアル薬剤師実務シリーズ下 調剤業務の基本 技能 第3版』羊土社、二〇一七年
- 森本雍憲著『新しい図解薬剤学 第3版』南山堂、二〇〇三年
- 緑書房編集部編『愛玩動物看護師カリキュラム準拠 愛玩動物看護師の教科書 3巻 基礎動物看護学』緑書房、二〇二二年

第2章

- Squires RA, Crawford C, Marcondes M, et al. 2024 guidelines for the vaccination of dogs and cats–compiled by the Vaccination Guidelines Group (VGG) of the World Small Animal Veterinary Association (WSAVA). Journal of Small Animal Practice. 2024.
- 鬼頭克也監訳『月刊CAP ２０１９年７月号特別付録 犬における犬糸状虫（Dirofilaria immitis）感染症の予防・診断・治療 最新ガイドライン（２０１８年改訂）』緑書房、二〇一九年

● 緑書房編集部編『動物看護の教科書 増補改訂版 第3巻』緑書房、二〇一六年
● 西村亮平監、動物看護コアテキスト編集委員会著『動物看護コアテキスト 第3版 3 基礎動物看護学』ファームプレス、二〇二二年
● 小野文子監、一般社団法人日本動物保健看護系大学協会カリキュラム委員会編『愛玩動物看護師カリキュラム準拠教科書 3巻 動物感染症学』エデュワードプレス、二〇二二年
● Ellis J, Marziani E, Aziz C, et al. 2022 AAHA canine vaccination guidelines. Journal of the American Animal Hospital Association. 2022.
● Amy ES, Gary OB, Ellen MC, et al. 2020 AAHA/AAFP Feline Vaccination Guidelines. Journal of Feline Medicine and Surgery. 2020.
● 辻本元、小山秀一、大草潔ほか編『SA Medicine BOOKS 犬の治療ガイド2020 私はこうしている』エデュワードプレス、二〇二〇年
● 辻本元、小山 秀一、大草潔ほか編『SA Medicine BOOKS 猫の治療ガイド2020 私はこうしている』エデュワードプレス、二〇二〇年
● 角田隆則著『個人輸入された動物用医薬品の安全性』日本獣医師会資料（https://jvma-vet.jp/mag/05603/06_3.htm）
● 『動物用医薬品とは』（農林水産省）（https://www.maff.go.jp/j/syouan/tikusui/yakuzi/attach/pdf/index-10.pdf）

第3章

● 日本比較薬理学・毒性学会編『獣医薬理学 第二版』近代出版、二〇二一年
● 尾崎博、浅井史敏、辻本元編『小動物の薬物治療学』オーム社、二〇一〇年
● 尾崎博、西村亮平著『小動物の臨床薬理学』文永堂出版、二〇〇三年

●福永優子監、一般社団法人日本動物保健看護系大学協会カリキュラム委員会編『愛玩動物看護師カリキュラム準拠教科書
2巻　動物病理学／動物薬理学』エデュワードプレス、二〇二二年
●日本比較薬理学・毒性学会編『獣医臨床薬理学』近代出版、二〇一七年
●左向敏紀、松本浩毅監、日本ペット栄養学会編『ペットサプリメント活用ガイド』エデュワードプレス、二〇二三年
●近藤和雄、佐竹元吉著『サプリメント・機能性食品の科学』日刊工業新聞社、二〇一四年
●『動物用医薬品等の製造販売承認申請の手続について』（農林水産省）
(https://www.maff.go.jp/nval/syonin_sinsa/koenshiryo/pdf/42kaikousyukai_20220315.pdf)
●『動物医薬品等の輸入確認手続きについて』（農林水産省）
(https://www.maff.go.jp/j/syouan/tikusui/yakuzi/y_import/kakunin.html)
●『動物医薬品等の輸入確認の方法』（農林水産省）
(https://www.maff.go.jp/j/syouan//tikusui/yakuzi/y_import/attach/pdf/kakunin-8.pdf)
●池本卯典、吉川泰弘、伊藤伸彦監『獣医学教育モデル・コア・カリキュラム準拠 獣医事法規』緑書房、二〇一三年
●『サプリメントや健康食品の名称について』（厚生労働省）
(https://www.mhlw.go.jp/topics/bukyoku/iyaku/syoku-anzen/dl/pamph_healthfood_d.pdf)
●藏内勇夫著『人用医薬品を愛玩動物用医薬品として特例で承認申請する場合の取扱い等について』日本獣医師会雑誌、
二〇一六年

監修者・著者紹介

金田剛治（かねだ・たけはる）

獣医師、博士（獣医学）。日本獣医生命科学大学獣医学部獣医学科獣医薬理学研究室教授。

日本獣医畜産大学（現日本獣医生命科学大学）獣医畜産学部獣医学科卒業後、同大学院獣医学専攻博士課程修了。動物病院で診療に従事した後、母校に戻り、獣医薬理学研究室にて研究・教育に従事。『獣医薬理学』（分担執筆、近代出版）や『犬と猫の心疾患の薬物療法』（分担執筆、エデュワードプレス）、『犬と猫の臨床薬理ハンドブック』（監修、緑書房）や『エキゾチックアニマルの治療薬ガイド』（監訳、緑書房）など専門書の著書、監修書多数。本書では、監修および第３章の執筆を担当。

金田寿子（かねだ・ひさこ）

博士（医学）。順天堂大学大学院医学研究科解剖学・生体構造科学講座助教（非常勤）。

埼玉医科大学大学院医学研究科博士課程修了。はり師、きゅう師、あん摩マッサージ指圧師の資格を有し、人体の構造と機能から動物の生体構造と機能まで幅広い知識をもつ。埼玉医科大学に所属していた際にはマイクロCTを使用した骨の３D構造解析を専門とし、日本獣医生命科学大学では薬理学を専門として研究・教育に従事していた。現在は順天堂大学にて腎臓の糸球体構造解析の研究を行う。本書では、第１章の執筆を担当。

山口登志宏（やまぐち・としひろ）

獣医師。ペテモ動物病院亀戸。

日本獣医生命科学大学獣医学部獣医学科卒業後、動物病院で診療に従事。犬・猫や各種小動物を対象とした一般診療や夜間救急診療に従事する傍ら、現在は東京女子医科大学先端生命医科学研究所先端工学外科学分野博士課程にて膵臓がんに対する集束超音波治療および免疫療法の研究を行う。本書では、第２章の執筆を担当。

ちゃんと知りたい
ペットのお薬のこと

Midori Shobo Co.,Ltd

2024年7月1日　　第1刷発行

監修者……………………金田剛治
著　者……………………金田寿子、山口登志宏
発行者……………………森田浩平
発行所……………………株式会社 緑書房
〒103-0004
東京都中央区東日本橋3丁目4番14号
TEL　03-6833-0560
https://www.midorishobo.co.jp
編　集……………………董　笑謙、片山真希
イラスト…………………ヨギトモコ
カバーデザイン…………尾田直美
組　版……………………メルシング
印刷所……………………図書印刷

ISBN978-4-89531-959-1　Printed in Japan